「十二五」国家重点图书出版规划项目

中国建筑的魅力

百花齐放
中国当代景观

王志芳 编著

中国建筑工业出版社

前　言

这是一本试图描绘当代中国（1978年至今）景观简要演化历程的书籍。书的名字斟酌许久，最终确定为《百花齐放——中国当代景观》，主要是基于以下两点考虑。其一，笔者觉得中国当代景观的发展历程其实可以类比为"爆米花制作过程"。首先，在新中国成立后和改革开放初期，中国景观经历了漫长的加热期，中间还伴随着熄火和重新点火的过程，尔后到20世纪90年代末中国景观积蓄了足够的温度与能量，达到临界值，"砰砰"之声响起，全国上下四处开花，其间散发的主要是香味但也间杂着糊味。其二，这种四下所开之花不仅是地域上全面推进的表象，也包括笔者考虑的第二点，即设计理念与技法上所呈现出的百家争鸣状态。毫不夸张地说，世界上存在着的新旧设计理念与思潮在当代中国景观的发展中都有不同程度的体现与实验。

本书所关注的第一个焦点就是这个"开花"的过程，通过介绍社会背景显现当代中国景观演化的社会影响因素，重点凸显"火花"在整个职业构建中的引导价值。本书重点介绍的大多案例都是近些年知名度较高，具有一定创新精神和实验挑战意识的作品。同时，涉及的设计师的背景也很多样化，既有中国的本土公司，也有国外的知名设计单位；既有专注于生态的设计师，也有独具匠心的艺术家。这些设计作品所呈现的解决景观问题的多维思路和方法，能够直接为实践工作提供有益的指导，并促使大家进行理论上的思索。

本书对焦的另外一个重点就是当代中国景观之"变化"，每个小节的标题都直接点明不同类型景观的变化趋势。与历史上以及世界上其他国家相比，当代中国城市化发展的主要不同之处可以概括为三个字："快"、"大"、"多"。整个国家的发展都在以极快的速度推进，景观建设讲效率讲成果；同时很多发展与变化都是大尺度大范围的决策；并且这种发展遍地开花、多头并进。本书在案例选取以及章节组织上都力图从不同的方面来展现这三个特色。

本书选择以景观类型来架构当代中国景观发展的历程与脉络。但本书并没有穷举当代中国涵括的所有景观类型，而是有所取舍，着重强调了那些变化多、发展快的景观类型，力图通过它们展现当代中国景观发展的主要变化和基本特色。需要特别说明的是，未选取的景观类型并不意味着它们不重要，恰恰相反，笔者觉得有些景观类型应该能够成为中国景观未来的发展重点。例如那些最近刚刚起步、刚刚开始探索的旧城更新、医院景观、小学幼儿园景观以及养老院景观等都有可能会成为未来景观发展的重要方向，只是时至今日，它们不代表这一时期的景观重点。

此外，本书依旧沿用了景观的概念，因为当代中国景观是一个多学科协作的载体与结果。景观是表达社会文化意识、生态环境以及不断演变的规划设计理念与过程的媒介，而这个演变的过程涉及多个学科综合的助动力，如地理学、建筑学、风景园林、城市规划、城市设计、文化学、史学、心理学。景观集科学、技术与艺术于一身，其内涵和外延的变化与发展是空前的。本书所述的景观在多数情况下是不同专业合作的业绩。

《百花齐放——中国当代景观》既希望通过对中国现阶段景观发展状况的总结来引导人们对中国景观事业未来发展之路的思考，又希望能够借此机会，向国外展示中国近几十年景观事业所取得的成就，便于国际间的更多沟通与合作。更重要的，笔者希望所有的读者朋友们可以通过对本书的阅读，了解在中国这片试验田里努力耕耘、有责任心、有创新思想的国内外规划设计师们，正是因为他们的勇于开拓，才能够为我们中国景观事业的蓬勃发展注入无限的活力，在此对他们致以深深的敬意。

仅以抛砖引玉之拙作，与国内外读者共勉！

目　录

第七章　城市公园

第一章
综述

　　1978 年的改革开放毫无疑问是当代中国的主要分水岭和历史新起点。突破性的改革开放为中国全方位的发展开启了一扇史无仅有的大门，当代中国自此已写下了 30 多年的全新篇章。本书涵盖的主要是 1978 年至今的这一时段中，中国景观发展的大致脉络。

　　景观之于当代中国，有着与众不同的时代意义和历史使命。其渊源既受阳春白雪式传统园林的熏陶，又饱含"下里巴人"的辛勤汗水与桃花源之梦。其发展过程既受西方文化与艺术思潮的冲击与影响，又在努力探索秉承中华传统与地方特色。中国当代景观既是一门自古有之的古老艺术，同时又肩负着担当现代中国社会发展转型的载体以及文化身份认同与归属的使命，可谓亦旧亦新。

第一节
当代中国景观的历史渊源

一、生存艺术的传承

景观最本源的、也是一个由古至今始终存在的渊源，那就是人类的生存与日常生活。它蕴含于我们祖先在谋求生存过程中所积累的生存艺术中，这些艺术来自于对于各种环境的适应，来自于探寻远离洪水和敌人侵扰方法的过程，来自于土地丈量、造田、种植、灌溉、储蓄水源和其他资源而获得可持续的生存和生活的诸多实践（俞孔坚，2006）。

在漫长的人类发展历程中，我们的先民们不断地和自然界作较量与调和，艰辛的奋斗史烙印在我们脚下的每一寸土地。与动植物"为友"的艺术，让我们有了最早的园林雏形——"囿"。在周朝"囿"因狩猎而设，并在里面发展果木蔬圃栽植，让自然得以维持、生物良好生存，狩猎方能持续进行。"囿"也是人类利用土地适应自然环境的最早方式之一。与洪水"为友"的艺术，造就了都江堰。李冰父子治水一方，与神为约，深掏滩、低作堰，把"人或成鱼鳖"的地方变成人间乐土。还有云南、广西境内的哈尼梯田、龙脊梯田、龙胜梯田等等壮观的景象，古老的水稻民族世代守护着高山上的属于"神"的"龙山"，让层层流下来的甘泉滋养生命，灌溉农田，赢得一片丰饶的栖息之地（图1-1）。而珠江三角洲地区的桑基鱼塘（图1-2）则是当地人们长期探索出来的完美的循环产业景观。它蕴含着一套完整的能量流系统：池埂种桑、桑叶养蚕、蚕茧缫、

图1-1 广西壮族自治区龙脊梯田。它依山而建，因地制宜，建构了大山中人与自然和谐共生的空间结构，是山地里人们的生存艺术（王丁冉摄）。

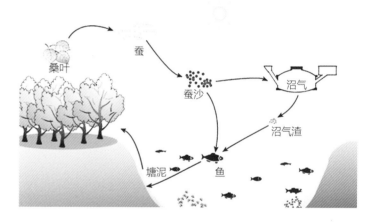

图1-2 珠江三角洲地区的桑基鱼塘结构。绵延秀美的桑基鱼塘蕴含着完整的能量流，当地人为了生存通过挖深鱼塘、垫高基田、塘基植桑、塘内养鱼等建构起一处高效的人工生态系统。

图1-3 河北省承德市北部的承德避暑山庄。始建于1703年，是古代帝王的宫苑，至今已有300多年历史，其景观体现了北方传统皇家园林的阳刚与气魄。

图1-4 江苏省苏州市城区东北隅的拙政园。拙政园建于16世纪初，已有500多年历史，是江南古典园林的代表，展现了南方传统私家园林的精巧与细腻。

蚕沙、蚕蛹、缫丝废水养鱼、鱼粪等泥肥桑的循环。桑基鱼塘充分利用了土地，既促进了种桑、养蚕及养鱼的发展，又带动了缫丝等加工工业的前进，长此以往，已经发展成一种完整的、科学化的人工生态系统。

知识、技术连同可信的人地关系使人们度过了一个又一个难关，正是这些生存艺术的存在，培育了人们的文化归属感和与土地的精神联系，使人们得以生存而且获得意义，也使得我们的景观不仅安全、丰产而且美丽（俞孔坚，2007）。然而景观这个最本质的特性长期被中国上层文化所推崇的私家园林设计所掩盖，直到近几年才逐渐被国内外相关学者发掘应用，并逐步为世人所重视。

二、传统园林的积淀（西周～清朝末年）

在传统认知中，与景观最为紧密且一脉相承的是中国的传统园林设计，其成就无论是对当代中国景观还是世界景观的发展，都有着举足轻重的意义。中国园林发展历史悠久，最早始于公元前11世纪的西周灵囿。从西周至清朝末年，长达近3000年的封建帝制社会孕育和深化了传统园林的各项手法（周维权，1990；刘滨谊，2010）。随着历史的变迁，对园林的研究从记叙园林景物，发展为从艺术方面探讨造园理论和手法，亦或从工程技术方面总结叠山理水、园林建筑、花木布置的经验，最后逐步形成为一门完整的传统园林学科，并在中国不同的地方形成了各具风格的园林特色（图1-3、图1-4）。同时，中国传统园林影响深远，不仅周边的国家和地区——如日本、韩国等——深受其影响，对西方景观思想的进步也有着巨大的推动。例如，英国的风景园以及美国景观规划设计先驱之一弗雷德里克·劳·奥姆斯特德（Frederick Law Olmsted）对自然美的追求，在一定程度上都可以溯源于中国传统园林中效法自然的理念。

三、近现代西洋特征的影响（1840～1949年新中国成立前）

1840年的鸦片战争使得中国逐步打开国门，开始迎接西方文化的输入和资本主义的行为方式。传统的习俗和文化受到猛烈冲击，国人在生活方式和日常消费等方面，盲目崇洋的倾向日益明显。社会的动荡不安以及思维方式的转变，使得这一时期的中国景观在自身传统园林的基础上开始显现一些西洋特征，这些新创建的景观多是由国外设计师设计，以满足外国租界内西洋生活方式。例如修建于1868年的上海"公花园"（现黄浦公园）、修建于1917年的天津"法国公园"（现中心公园）、美国建筑师墨菲设计的北京大学校园（图1-5）等。这些景观大多以中国的传统园林为基调，但具有明显的英、法田园风格，以大片草坪、树林和花坛的形式为主，整体规整而开放，布局多为对称，强调序列的轴线。

四、现代苏联模式的复制（1949～1958年前）

新中国的建立成为诸多领域的分界线，景观发展亦不例外。建国初期，百废待兴的新中国选择学习社会主义阵营的苏联（栾春凤、陈玮，2004）。建国10余年间，中国各方面建设与发展全盘苏化。很多地方的建设都选择以苏联模式为蓝本，即强调建筑的体量以及雄伟壮观的视觉特征，以明确的功能分区和中轴线对称的布局形式，营造强烈的秩序感。这一时期的中国景观可以说是建筑附属绿地。常常是雷同、单一、缺乏个性的。例如北京海淀区学院路上的八大学院，皆以莫斯科大学为蓝本，宏伟的主楼前竖立着毛主席雕塑，并设有开阔的大草坪，未做改动之前这些校园极为相似，难以区分彼此（王燕飞，2009）（图1-6）。

城市园林绿化也直接借鉴了苏联在十月革命后创建的新兴城市公园形式——文化休息公

图1-5 墨菲设计的北京大学校园景观。1921～1926年间，美国人亨利·墨菲受校长司徒雷登的聘请，承担北京大学校园的设计工作。北大西门内，这处以对称的大面积草坪为主的景观衬托着主楼，具有典型的西洋特征（王润滋摄）。

(1)   (2)

图1-6 雷同的大学主楼景观。苏联模式的特征为对称均衡、雄伟壮观，以楼为主体，绿化为辅助（王润滋摄）。(1)(2)

园，注重群体性活动（栾春凤，陈玮，2004）。在1949～1957年期间，先在风景名胜的基础上开辟改造了诸多公园，又在1953年后掀起了一个建造公园的小高潮：这包括修缮的北京的中山公园（图1-7）、北海公园，南京的中山陵园、和平公园，以及新建的北京陶然亭公园、什刹海，上海的蓬莱公园、海伦公园等。这些公园的建设

大多依托历史遗迹而建，因而仍体现了中国传统园林的遗风。

五、生产式景观的涌现（1958～1978年）

即便毛泽东在1958年发出"大地园林化"的号召，植树造林成了绿化祖国的主要途径，但随之提出的"果化"要求等使得这一时期的景观

(1)   (2)

图1-7 北京中山公园老照片。左图为中山公园体育场西侧的游乐场，右图为中山公园冬天河上的溜冰场。(1)(2)

发展具有很强的生产性。这是一个将生产与绿化
紧密结合的特殊时期。3 年大跃进，3 年困难时
期再加上 10 年"文化大革命"，在这一连串的特
殊年代当中，中国景观的探索发展之路基本可谓
全方位停滞。独具时代特色的生产式景观遍地开
花。国家提出"以绿化为主、大搞生产"的园林
工作指导原则，强调"园林结合生产"、"以园养
园"。甚至在小学课堂也出现了"屋前屋后，种
豆种瓜。种豆得豆，种瓜得瓜"这样的教育。这
一时期的中国，特别是从应对三年困难时期开始，
在竭尽全力地将所有能够用来种植的地方（屋
前、屋后、路边、沟边等）都变成农用地，生产
性景观可谓遍布中国城市的各个角落。公园作为
城市中面积最大的绿地，其所受的影响自然首当
其冲，力求"变公园的消费性为生产性"（赵纪
年 2014）。公园的草坪变成了菜园、果园，水面
让位于养殖水产（图 1-8）。南京玄武湖公园一
年向湖中投放 250 万公斤鱼食，颐和园则饲养了
大量鸡鸭。

　　至"文化大革命"期间，园林绿化被认为是
"封、资、修"的代表而遭受了空前的浩劫，西湖
公园曾被改为"五七"农场。很多公园植被以多
产植物为主，人工构筑大多为宣传口号的标语牌。
特殊时代背景之下，人们更强调公园的生产功能
和政治教育功能，批判其与人休憩、供人游玩的
社会功能（栾春凤，陈玮，2004）。这是一个"公
园农场化"的特殊时期。这一特殊时期带给我们
的思考，除了批判偏激的做法所带来对历史的破
坏之外，我们也要反思一下，当代景观是不是过
于强调休憩游玩而忽视了景观的生产内涵？

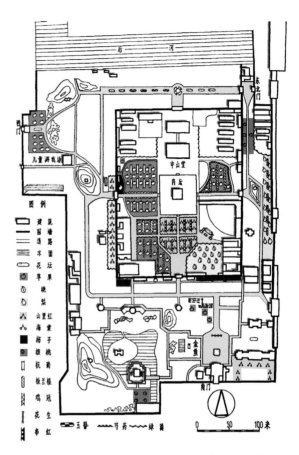

图 1-8　北京市中山公园绿化结合生产规划图。各种蔬菜水果
遍布中山公园的各个角落，是特殊时期"公园农场化"的典型。（根
据北京中山公园管理处园艺班 1974 年文献绘图）

第二节
当代中国景观主要发展阶段

　　国家的改革开放启动了中国景观现代化的
全新历程。在此之前，1949 ~ 1978 年之间的社
会变革与发展成就了人类有史以来最重大的财
产重组以及集体化。这一过程开始之初取得了
重要的突破性成就，却又在"文化大革命"之
中将当代中国景观的发展送到了一个近乎于零

的新起点。

新中国成立之初景观园林虽不是国家发展的重点，但却也实现了与当时集体主义相适应的发展历程——传统园林中的私家园林走向大众化、走向市民的公园，且公园数量上在短短十几年内取得长足增长。与此同时，土地被收归集体所有。1950年开始的土地改革运动没收了地主阶级的土地，并分配给农民。1953年开始实行的农村土地集体所有制一直延续至今，所有的土地都已收归集体所有，土地的一切使用者，包括农民在内，都只拥有有限时间内的土地使用权[1]，而非所有权。土地集体所有制在当代中国景观的快速推进过程中极大地发挥了其优势，可以迅速做出简单明了的决策，没有类似国外的大量所谓利益相关人员的干扰声音，因而形成了极高的发展速度与决策效率。

随之而来的对当代中国景观发展产生至关重要影响的社会背景有两大特殊之处：文化破除传统以及教育实践的极大断代。1966年开始的"破四旧"运动提出"破除几千年来一切剥削阶级所造成的毒害人民的旧思想、旧文化、旧风俗、旧习惯"的口号，成为压倒中国几千年封建社会所形成的传统文化的最后一根稻草绳。其力度远比20世纪之初的"新文化运动"来得更猛烈，效果也更彻底。"破四旧"给中国的传统文化和民族精神面貌带来了极大的冲击，一些具有重要意义

的节日、庆典和流传千年的文化和生活方式遭受了空前的质疑，至今无法恢复，后果十分严重。中国千百年来形成的价值观体系在"破四旧"的过程中快速土崩瓦解，这直接为改革开放后中国的"全盘西化"留下了伏笔。因为没了历史的束缚，国人对于西方价值观以及文化的渗透已经没有了内部抵制的原动力，一旦被认为是"所谓美好"的事物就会很快被接受。与此同时开始的"文化大革命"使得中国的教育系统基本上全面停滞。直至1977年恢复高考后的第一批应届毕业生毕业，此前的14~15年内中国没有任何职业化的教育，包括建筑师与景观师。大多数设计院都被关闭，员工们都参与到上山下乡的运动大潮中，整整一代中国现代设计师在这期间消失了。

1978年启动的当代中国景观，面对着没有传统文化束缚、没有足够设计师支撑的历史空白，开始了全新的征程。在建设具有中国特色社会主义的发展大旗帜下，当代中国景观也一路高歌，顺应时代的发展快速演进。其发展阶段也明显具有中国特色，那就是深受国家政策变化的影响，国家的发展决策直接影响景观实践的内涵和重点。以此为据，当代中国景观的发展可以根据中国社会相关政策的发展变化分为四个主要阶段，分别以1978年开始实行的改革开放；1992年邓小平南巡开启的新一轮改革开放以及土地使用制度的改革；2004年颁布的土地招拍挂政策、严控

1　根据1990年5月19日开始实行的《中华人民共和国城镇国有土地使用权出让和转让暂行条例》规定，土地使用权出让最高年限按下列用途确定：居住用地最高70年；工业用地最高50年；教育、科技、文化、卫生、体育等公益事业性用地的土地使用年限为无期；商业、旅游、娱乐用地为40年；综合或者其他用地为50年。当土地使用年限到期之后，需要怎样进行权利延期，是否需要缴纳土地出让费用，缴纳多少出让费用，目前都还没有一个明确的说法。

大马路大广场的通知，以及2012年新型城镇化为重要时间节点。现在进行的生态建设时期放在未来中讨论，这里重点介绍古今探索时期，城市美化时期以及百花齐放时期。

一、古今探索时期（1978～1992年）

这是一段缓慢却又沉着的摸索期，当时实行的经济体制是由以"计划经济为主，市场调节为辅"向"有计划的商品经济"转变，商品经济开始发展并繁荣起来。与此同时，改革开放开启的不仅是经济发展，也促使国人重新开始考虑包括人道主义、民族性、现代性等等一系列的问题。中国的社会、人文、政治以及经济都在这一时期进行缓慢却又全新的探索。这是一个由计划经济向市场经济转变的过程，也是中国又一次全方位直面西方文化（1978年前是以苏联为主导，1978年之后是以美国为主导）以及现代科学技术开始迅猛发展的时期。

社会机制的转变也让彼时的中国景观发生了很多变化。1982年的《城市园林绿化管理暂行条例》推动了城市新建区绿化设计的规范化发展，1986年开始的"全国住宅建设试点小区"也带动了居住景观的更新。但由于发展基底的薄弱，这些变化还只是一些量的积累，比如公园多了、小区多了，但景观特征本身并没有太多提升。传统

园林、苏联模式、西洋风格、生产式景观以及新的西方设计理念在这个时期还是各有体现。

即使整体景观依然乏善可陈，一些设计师已经在那个破旧立新发展的时期开始进行设计探索，试图寻求"古与今"的联系，力求把握新的时代需求，探讨传统观念以及手法的现代意义，包括孙筱祥先生、孟兆祯先生（深圳仙湖植物园）、冯纪忠先生、檀馨女士（香山饭店庭院）以及彭一刚先生（山东平度现河公园）等。其中最为典型的，无论从设计手法还是理念上都体现古今探索的当属冯纪忠先生设计的松江

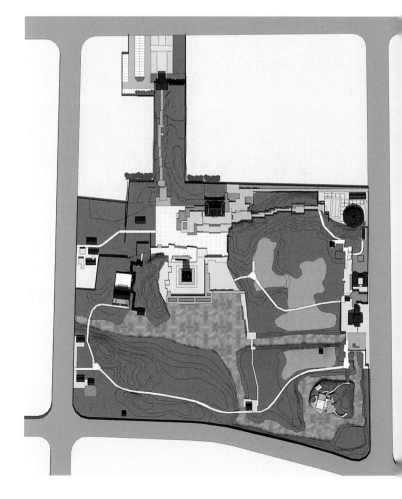

图1-9 上海松江方塔园平面图。方塔园总平面上四个角的设计手法有所变化，和主体不完全一样，因地制宜。西南角上要搬来明代的一个楠木厅作为该处的主题，所以一些廊榭相应地就采取了明代风格。东南一隅是以何陋轩为主题，它采用的是大屋顶，平面也比较大。东北角是从东门进入后，以两棵古银杏作为引导，然后通过狭长曲折的甬道，突然让方塔跃于眼前。

(1)　　　　　　　　　　　　　　　　　　　　　　　　　　(2)

图1-10 上海松江方塔园内的大草坪。从南侧大草坪可以北望方塔,现代与古代尽收眼底。同时大草坪可以实现人与自然的亲密接触。
图为草坪上享受天伦之乐的老人和快乐嬉戏的儿童(李檬溪摄)。(1) (2)

方塔园。方塔园是一个露天博物馆,它从1978年开始设计,建设及设计过程一直延续到20世纪80年代末期。原址中包括一座宋代的塔和一段明代留下来的照壁,以及一系列原址上和移植过来的古物。方塔园的核心设计思想就是"与古为新",它似乎是一处中国的传统公园,但设计语言却极其现代。它让人看到了中国传统园林与现代景观非但不存在矛盾,还可以结合得如此融洽。方塔园是中国最为早期的、现代的公共景观代表作(图1-9)。

冯先生的探索就像20世纪50年代初的美国设计师丹·凯利一样,游走在古典与现代之间,没有完全否定古典设计,而是沿用其框架,并巧妙地将古典与现代主义结合起来(图1-10,图1-11,图1-12)。

二、城市美化时期(1992～2004年)

1992年重启的改革开放步伐则开始大踏步地迈进。在经历了尝试与摸索之后,中国的经济发展如脱缰的野马,一路高歌前行。同上一个时期相比,这一时期的改革开放已经不由自主地以市场经济为主导,社会、文化以及政治虽也都在发生一系列的改革与变化,但整体脚步却远远落后于经济的腾飞。沉寂百年的中国用快速的经济发展极大提高了国民的生活水平,进一步夯实了中国特色的社会主义发展路线。虽然不少人把这一路线称之为中国模式的"国家资本主义",但无论如何,它还是适合中国基本国情并改善了人民生活的有效思路。

图1-11 上海松江方塔园内的赏竹亭。该亭子既可遮阳避雨，又可利用竹林提供的绿荫在夏日里纳凉，也可以在冬日里晒太阳。形式感强烈的长条石凳向外延伸，与环境合为一体，形成传统与现代的巧妙融合，构思独到。这里既有传统的影子，又有现代的简练（李檬溪摄）。

图1-12 上海松江方塔园内的堑道。置身堑道其中，有穿越时空之感。高低起落，都是为了弥补塔基过低的不足，通过甬道和堑道的标高变化以模糊游人对塔基标高的概念（李檬溪摄）。

由"集体所有"向"市场化"的经济制度以及土地市场制度[1]变化开启了快速城市美化。事实上，中国的城市美化在20世纪80年代末已经有所展现，只是在1992年进一步确定市场经济地位之后，城市美化在全中国快速上演。除却"园林城市"评比的助推作用，许多其他社会因素导致了城市美化运动。其一，经济市场化以及土地市场化所引导的快速城市化凸显了中国前期城市建设的薄弱，城市面对人口的急速膨胀已经显得有些破落与力不从心，城市开放空间以及公共设施等都严重不足。城市客观上需要进行美化与改造。其二，以市场化为主导的经济模式，使得各地政府面临着招商引资的压力与需求，城市环境的改善以及城市形象的塑造既有助于招商引资，又能凸显地方领导的政绩，这也成了城市美化的客观动力。其三，由"集体"向"市场"的转变使得中国社会可以不再用同一个声调"说话"，不完善的保障体制和激烈的社会竞争使得一些人容易产生强烈的身份焦虑，于是对于城市美好图景的建构则成为城市管理者维系社会安定和秩序的一味妙药。其四，向西方学习市场经济的同时，管理者感受到了欧美100年来城市建设的成就，视觉冲击最强烈所以印象最深的莫过于纪念性建筑、中心广场以及景观走廊等。以游客身份体味的纪念性城市设计不可避免地成为他们在中国进行模仿的样板（俞孔坚，吉庆萍，2000a，2000b）。其五，即使当时经济已经市场化，但决策还是集中于政府领导。例如，这一时期的土地使用权虽然已经进入市场体系，但整个过程还多采取协议出让的方式，即使在深圳这个走在改革开放最前列的城市，1999年以前90%的土地也都实行协议出让。这使得政府对土地拥有绝对的决策权。其六，专业人员的队伍无论从思想还是实践都还未具备自身的理论与专业修养。长期与国外断代的接触以及人员梯队建设的匮乏使得专业设计队伍在面对城市领导们的要求以及强势决策时显得无所适从，而成为宏伟城市美化过程的绘图工具以及推手。

政府的绝对决策权以及市场机制的确立进一步鞭策了中国的城市美化妆运动，为了招商引资、为了彰显权威、为了稳定社会、为了吸引参观者而着力打造城市新形象。很多学者都认为它和100多年前美国的城市美化运动有很多相似之处，那就是以唯美主义以及决策者的权威来打造城市户外空间，凸显城市形象的堂皇与魅力。然而，与美国城市美化运动不同的是，美国的城市美化似乎更强调城市整体规划层面的整体协调，希望通过规整的城市物质空间形象来促成社会秩序的和谐，其内容还是涵盖城市艺术(civic art)、城市设计(civic design)、城市修葺(civic improvement)以

---

1 继1990年国务院发布《中华人民共和国城镇国有土地使用权出让和转让暂行条例》开始对土地使用权出让、转让、出租等作了规范化的法律规定，构建了我国土地市场制度的基础框架。1992年出台的《划拨土地使用权管理暂行办法》强化对划拨土地的管理，使划拨土地有偿纳入使用范围并进入市场有法可依，有章可循。中国大地上通过市场配置土地的范围不断扩大，实行土地使用权有偿、有限期出让已扩展到全国各地。特别是在经济特区和一些沿海开放城市，建设用地基本纳入了新制度的轨道。

(1)

(2)

图1-13 亚洲最大城市公共广场——辽宁省大连市星海广场。

工程始于1993年，竣工于1997年，总占地面积达到176hm²，是天安门广场（44hm²）的4倍。在只有符号化灌木景观以及零星雕塑的衬托之下，空间尺度显得很大。在中国，几乎每个城市都有这种广场，"以大为美"。大众戏称这些广场"低头是铺装，平视见喷泉，仰脸看雕塑，台阶加旗杆，中轴对称式，重点是机关"。(1)(2)

及社会改革(civic reform)的（俞孔坚,2000）。而中国的美化运动则更多地着力于城市设计，力图通过局部重点地段形象的提升来烘托整体城市形象的堂皇和雄伟，典型的两大表象是纪念性尺度的大广场（图1-13）以及城市景观大道的建设（图1-14）。这种局部性既受制于中国当时的经济实力，在刚刚发展的阶段很难有大量的钱财进行全面建设，只能做做局部文章；同时也反映了当时中国城市管理者对于国外城市形象的片面理解与解读。中国城市化妆运动从一开始就缺乏整体性以及对于普世价值观的关注，同美国的城市美化运动无论是初衷还是过程上相比都显得更为单薄。但其影响却可能比美国的城市美化运动更为广泛，因为中国各地的攀比、效仿之风迅速使这一建设模式四下推广。20世纪90年代可谓是中国城市广场建设以及景观大道建设的"黄金时期"，中国许多城市的公共场所沦为模仿的图案化和形式化空间，但却缺乏场所的参与性和地方性。

在批评城市美化运动的同时，我们也应该意识到在能力有限、资源不足且城市环境严重陈旧的大背景下，集中资源局部打造城市形象以提升民众的认同感以及创立城市的标志性景观，客观而言是时代的特殊需求与必然产物，每个城市有一处能够用于纪念性以及大型集会性活动的场所可能既无可厚非，也是客观需求。只是这样的场所到底该建多大？一个城市里应该具备几个这样的场所？这样的场所到底该不该只建设在政府办公大楼的旁边？纪念性的空间能不能同时兼容更多的除却形象之外的其他功能？以及类似求大求宏伟的设计风格能不能

(1)

(2)

图1-14 典型景观大道。从北方都市到南国小城，许多城市都有类似这样纪念性和轴线性的景观大道。这些大道之间深广的间距割断了周边建筑与建筑之间、街区与街区之间的互动关联。模纹化的设计虽形成视觉冲击以及宏大的气派，却也需要较高维护费用，并阻碍复合交通流的顺畅。(1) (2)

随意用来建设其他公共空间等，才是真正值得商榷以及考量的核心问题。很多城市管理者在初期利用有限资源进行城市形象打造的初衷无可厚非，只是这股风吹得过于猛烈，误导大众审美情趣，并引导设计将所有地方都形式化建设的趋势令人生畏，这也是为什么中国的城市美化运动一直受到很多学者的批评与质疑。

又如同美国的城市美化运动在 1909 年的第一届美国城市规划会议上遭到抨击并逐步淡出舞台一样，中国的城市美化也在受到不少质疑与批评之后在国家层面得到反思与纠正。四部委（建设部、国家发改委、国土资源部、财政部）于 2004 年推出《关于清理和控制城市建设中脱离实际的宽马路、大广场建设的通知》，要求暂停城市宽马路、大广场的建设，各地城市一律暂停批准红线宽度超过 80 米的城市道路项目以及超过 2 公顷的游憩集会广场项目，力图规范城市广场和道路建设规划。与此同时，国家出台了一系列的政策进一步强化土地的市场化进程。国土资源部于 2002 年颁布实施《招标拍卖挂牌出让国有土地使用权规定》，明确规定包括商业、旅游、娱乐、商品住宅用地的经营性用地必须通过招拍挂方式出让。2004 年又颁布《关于继续开展经营性土地使用权招标拍卖挂牌出让情况执法监察工作的通知》，规定 2004 年 8 月 31 日以后所有经营性用地出让全部实行招拍挂制度，即所谓的"831"

大限。这一系列政策使得城市管理者不得不重新审视市场的需求，因为在这一系列政策之下，再无法为了延续土地财政而通过协商买卖土地[1]，个人观念的绝对决策权似乎已经要为市场需求以及市场规律让步了。这进一步缩减了城市美化的客观动力。那些追求最大、最宽、最长、最美的日子似乎已经逐渐远去。

即便整体发展具有城市美化的特征，中国的景观职业实践在这一时期已经开始长足发展。一些优秀的设计项目以及新设计思想已经开始初露锋芒，例如岐江公园的改造（第 195 页）、成都的活水公园（第 205 页）等，都在这一时期建设完成。同时由于国家于 1998 年提出"封山植树、退耕还林"等建设方针，不少设计院也积极参与其中，对国家的水土保持以及封山育林等生态恢复工程起到了至关重要的作用。例如深圳北林苑就从 1998 年开始参与了一系列相关工程，包括深圳樟坑径开发区水土保持、深圳市裸露山体缺口生态修复、深圳市松籽坑水库水源保护林建设等。

以这一时期中国的快速城市化以及市场化为依托，一些敏锐的设计师开始独立经营中国的景观市场，民营设计企业在群雄逐鹿中逐步在市场上站稳脚跟。民营设计企业的发展和存在极大地促进了设计思路的拓展以及企业间的竞争性创新能力。在此之前，由于新中国成立后的中国秉承的是国有经济体系，很多早期的规划设计活动都

---

1 土地财政属于预算外收入，又称第二财政，是指地方政府利用土地所有权和管理权获取收益过程中进行的财政收支活动和利益分配关系，1994 年的分税制改革后，财权过分集中在中央政府，地方的财权和事权不对称，地方不得不另辟财源，土地财政应运而生。

局限于国有设计院。时至今日，很多国有设计院仍活跃在中国的市场。与此同时，国外知名设计公司也纷纷在此时进入中国市场，特别是中国于2001年加入WTO之后。例如美国SWA设计事务所上海代表处2003年在上海静安区注册成立；EDAW公司2000年在中国独资注册；EDSA于2001年在北京建立了分支机构；荷兰NITA设计集团1999年进入中国，2002年在上海成立中国总部；日本ATLAS规划设计集团2003年在北京成立驻中国事务所等。在国外设计师的带动下，中国的设计界在较短时间内提升了自身的设计水平。以此形成的国有设计院、民营设计企业以及外来设计公司的三套并存设计服务体系，开始为高速发展的中国全面提供景观、规划、建筑、旅游和生态策略等方面的设计服务。

三、百花齐放时期（2004年～现在）

这是当代中国景观积极应对市场需求全方位尝试时期，也是破与立之间的彷徨时期。不必讳言，即使在这一时期，中国的城市美化很难说已经随着国家的一纸通知就彻底结束了。虽然国家明文限制了大马路、大广场的建设，但各地政府依然有招商引资以及土地财政的客观需求，全国各地在2004年之后大力推进的公园建设以及绿道、游憩廊道、河流廊道等都还或多或少延续了城市美化的影子。但整体而言，这一时期的景观建设无论在功能以及形式上都比之前单纯的美化有了长足的进步，主要原因有三。其一，无论是城市管理者还是设计师，他们都开始直面市场需求以及市场规律，开始倾听市场的声音，而市场

中消费主义所引发的需求多样性为设计思维的多样化拓展提供了客观需求。其二，中国社会在市场经济的大潮中已经逐渐积累了一些资本，投资渠道也进一步放宽、拓展，物质景观建设上的投资已经不再捉襟见肘，这为创造一些精品工程提供了坚实的物质保障以及经济基础。其三，也是最重要的一点，设计行业也已逐步按照市场规律运作，在人员以及实践经验积累的基础之上，开始产生了自我反思以及寻求改变的内在动力。专业人员队伍已经逐步变成项目的创作者，或者至少是项目发展方向的建议者，而不再仅仅是城市管理者的绘图工具。抛弃了简单的城市美化，立足于快速的城市化需求、设计市场自由度的拓展以及消费主义所带来的需求多样性，当代中国景观快步进入百花齐放时期。

百花齐放的景观特征也是时代发展造就的特殊产物，因为当代中国景观的发展是断代以及跳跃式的。在19世纪，欧美就已经探索现代主义了，19世纪中期时已开始研究表达后现代主义。西方很多国家景观的职业发展以及设计流派的探索是一个循序渐进的过程。而中国人在改革开放之后，无论翻开书本还是走出国门，看到的都是各种主义以及流派混杂在一起的最终成果，且每个人都带着自己的审美情趣以及兴趣爱好来选择性地评判学习国外的景观。再加上不同国家以及不同设计理念的国外设计公司都开始抢滩中国的市场，于是乎，当代中国景观的现代主义摸索尚未开始，就已经和后现代主义接轨了；新古典主义刚刚起步就开始和高科技学派交锋了；极简主义、解构主义、生态主义、波普艺术、环境艺术——

只要是前人以及国外人有所探索的概念、思路与想法都一股脑地涌入中国这片试验田，在国人尚未真正明白这些所谓主义以及艺术到底在追求什么的情况下，就已经将其景观表象牢牢印记在中国的大地上。在中国，梦想几乎不受限制，只要你能说服甲方。当代中国景观以极大的包容态度兼容了各种设计尝试，其中不乏成功之作，也有许多尚待考究。王向荣教授曾在访谈中提及中国对于功能主义探索过程的缺失以及这种缺失对于中国景观发展的不良影响，因为功能主义探索有助于设计追求景观的内在价值和使用功能，而不是追求表面的形式，以及所谓前卫、精英化与视觉冲击效果。事实上，中国缺失的不仅仅是对于功能主义的探索，而是对所有过程及其所带来景观后果的思索，中国速度在发展过程中根本没有为设计师以及社会留下思索的时间余地。而这些思索则需要在今后的发展建设中一步步地回补。百花齐放的景观发展是一个真正用拿来主义顺应

当代中国快速发展需要的过程，整体上显得有些西化、零碎以及拼贴，颇有些《拼贴城市》的作者柯林·罗（Colin Rowe）所描述的形象，那就是不同时代的、地方的、功能的、生物的东西叠加起来的，城市的思维包容新的和旧的、现代的和传统的、地方的和世界的以及私人和公众的。只是中国这种多种秩序多种特性的多元拼贴有否与传统呼应，有否与文脉协调还尚待考虑。

即便有零碎拼贴感，百花齐放过程中却着实出现了不少的突破与亮点，甚至有些项目建设以及设计理念已经走到世界的前沿。百舸争流、良莠不齐是这个时期的特征，而最终的成就都有待于国人进一步归纳总结、系统反思，以创建真正属于中国的当代中国景观（图1-15）。无论功过，这一阶段仍是当代中国景观最主要的探索时期，本书的要点以及所涉及的主要项目大都集中在这个时期，这里包含着大量面对中国实际问题的探索性尝试以及各种思想的火花。

(1)

(2)

图1-15 极简对比图。彼得·沃克在第九届中国国际园林博览会中的展园（1）与土人设计的红飘带（2）。百花齐放的反思之一，极简到底应该简化什么？彼得的设计用复杂的设计流程以及建筑工序构建了极简的形式和如画的视觉，以及多样化的景观功能。土人则希望通过利用最简化的设计以及建造程序（让自然做工）来构建复杂的景观系统。极简主义简化的应该是形式还是过程？

第三节
同期学科教育的发展

景观在新中国的发展虽有传统古典园林的影响，但其内涵和职业技能却随时代进程一步步拓展，同期学科教育也在顺应时代的需求，不断探索更好的发展模式与途径。

一、新中国成立后的教育发展历程

在新中国成立之初，随着城市绿化和旅游事业的迅速发展，造园学逐渐从传统园林学扩大到城市园林绿化和风景名胜区的规划、设计领域。随后为了满足学科拓展的需要，在北京市建设局的支持下，由北京农业大学的汪菊渊先生和清华大学的梁思成、吴良镛先生发起，于1951年联合建立了"造园"专业。这不仅是我国第一个独立的现代造园专业，更是我国现代风景园林学科的前身，为形成具有中国特色的综合的风景园林学科奠定了基础。后该造园专业调整到现北京林业大学，造园专业也于1956年改名为"城市及居民区绿化专业"。1964年1月，林业部批示北京林学院将"城市及居民区绿化"专业改名为"园林"专业，"城市及居民区绿化"系改名为"园林"系，由此正式确立了园林专业的名称。

到了20世纪80年代，我国的园林学有了较大发展，学科内容不断融合、拓展，不再局限于以自然山水、亭台楼阁等古典造园要素和传统造园手法来营造独立的庭园空间，而融入了城市园林绿化、风景名胜区、自然保护区、游览区和休养胜地的规划设计体系中。显然，传统的"园林"的概念已不能涵盖如此多的新内容。1987年，教育部正式颁布设立"风景园林"专业。1992年，北京林学院的风景园林系与园林系合并，成立了中国第一个园林学院，也是首个开展风景园林学科研究和教学的独立学院。而这之后教育部曾几经探索与调整，于2011年第一次将风景园林定为一级学科，新目录学科中"风景园林学"、"建筑学"、"城市规划与设计"一起成为构建人居环境科学体系的一级学科，至此意味着学科发展开始走上更高的平台。

1998年之后中国的相关学科教育取得飞速进展。2003年4月13日，北京大学景观设计学研究院成立。同年10月，清华大学成立景观学系。2006年9月，同济大学将"风景科学与旅游系"改为"景观学系"，并招收中国首届景观学本科专业学生。自1998年以来，我国风景园林学科点和专业增长飞速，本科、硕士和博士点的增长率平均为14%、19%和28%。截至2012年，全国设有风景园林本科专业点184个、一级学科硕士学位授权点65个、一级学科博士学位授权点19个、风景园林专业硕士点32个。

这些不断变化的探索与发展直接体现了当代中国景观教育思想碰撞的过程以及学科内涵和职业技能的全方位延伸。景观成为这个时代赋予的、系统地解决各种问题的重要研究界面与改变载体。不同学科以及教育部门都在尽最大努力探索能够促进和解决当前中国现状实际问题的理论与实践方法，并向社会输送高质量的人居环境建设人才。

二、以学科背景为导向的不同设计视角

城市化进程的巨大需求以及学科内涵的极大拓展使得不同学科背景的人从不同的角度介入到当代中国景观建设的大潮中。由于不同的学科教育所强调重点不同，他们向景观所延展的触角也明显体现出了不同的学术与设计风格。这些不同的设计视角在当代中国平行地参与着景观各个方面的设计与建设，而在未来方向细分、质量提升的大背景下，不同学科以及设计视角的作用将会更加凸显各自的特色，并互相学习融合，推进更加综合的城市化建设。

理学视角。改革开放以来，理学背景尤其是地学背景的相关人员一直在参与中国的城市建设，尤其是城市规划、旅游规划、风景区规划设计方面的研究和实践，直至今日依然如此。北京大学积极地推进了地理学以及景观生态学在景观学科中的应用，所提出的"反规划"，强调在城市建设之前先确定城市中关键的生态格局的生态基础设施建设思想（俞孔坚，2008）。除此之外，以生态学以及景观生态学为基础的学者也试图将生态理论应用到中国的城市建设过程中（第50页）。理学视角整体而言注重生态规划设计，强调大尺度的生态格局架构，强调规划设计决策过程的科学性以及合理性（图1-16）。

建筑视角。以同济大学和清华大学为首的建筑"老八校"一直被认可为建筑界的学科翘楚。随着时代需求的拓展，这些建筑类院校也逐渐走出建筑单体本身，开始注重规划和室外环境的建设。建筑学背景的人大多具有非常强的空间设计以及绘图功底，其室外景观的设计在构图和细节

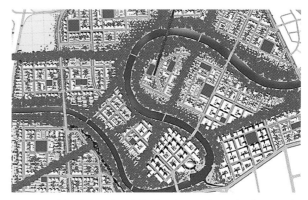

图1-16 浙江省台州市生态基础设施。区域生态基础设施的架构是理学视角的强项（土人设计供图）。

上见长，是建筑设计思路向室外的拓展。同时，一部分具有前瞻眼光的学者，例如吴良镛院士等也意识到大尺度调控与决策的重要性，倡导人居环境建设，强调城市发展的整体观（图1-17）。

农林视角。中国的传统园林一直植根于农林学校。这些学校的农学、林学以及园艺的功底都非常深厚，学生以及师资大多对植物特性以及植物配植有深入的了解。农林视角一直在中国的园林绿化业界占据主导地位，并将在未来的生态设计发展中起到至关重要的作用，因为很多生态功能以及物种选择上的决策将依赖于他们的科研成果。不少农林院校也走在设计的前沿，例如北京林业大学等，他们往往既有设计方向也有园林植物方向，力图将农林特色与设计实践有效结合（图1-18）。

艺术视角。艺术界对于景观的拓展体现在环境艺术设计专业的诞生。1988年原中央工艺美术学院将室内设计专业改为环境艺术设计专业，将室内设计专业内容扩展至室外环境设计。随之，全国各大高校的艺术院系也开始纷纷设立该专

图1-17 北京似合院奥运树。这是一处建筑师的室外空间（齐欣事务所）。在灰色的四合院形制的下沉式广场上，用星星点点的红色灯具来彰显中国灯笼。尝试用简单元素创造丰富环境。

图1-18 北京市春天的二月兰，当地物种栽植形成非常独特的景观效果。

图1-19 北京市798街边的艺术装置（王润滋摄）。

业。艺术视角着重于艺术观念的表达、材质肌理、光影色彩、比例尺度等造型表现，其长处为景观小品、装饰以及小尺度空间的架构（图1-19）。

三、行业资质认证与继续教育

与专业教育一样，当代中国景观相关行业的认证与资质体系一直处于摸索之中。中国的景观教育尚没有类似美国的认证评价，只要开设相关课程的学校都可以授予相应学位，实践业界只能凭经验判断学生所受的教育是否系统、完善，并通过企业内部培训以及日常工作进行员工的再教育。在职业认证方面，2004年12月2日，劳动和社会保障部正式认定景观设计为新职业之一，并被收录到《中华人民共和国职业分类大典》中。这虽意味着其内涵和职业技能获得国家级的认可，但相应的评价认证体系却由于种种原因而一直未能建立完善。很多专业人员考取或获取的都还是注册城市规划师以及建造师等。风景园林目前也还只有初级、中级、高级职称之分，没有注册。

中国的规划设计资质也与国外有很大的差别。西方很多国家资质都是授予个人的，每个人都可以考取相应的职业资质，然后从事对应的工作。工作过程中还需要不断地进行继续教育，取得相应的学分以保证从业人员的思维理念能够与国际前沿接轨。中国的项目虽然大多走上了市场化的道路，但在资质授权上至今还是延续了以前集体主义时期的思路，资质授予的对象是设计单位，而个人只有从业资格。资质评价的对象是设计单位的人员构成、从业经历以及经济实力。为了实现所谓的甲级资质，各大设计单位都在拼命构建大而全的人员体系，需要从规划、设计、施工到水电等样样俱全。资质认证分甲、乙、丙三大等级，等级越高的单位被允许参与项目的类型与范围就越大。尤其是在所有政府相关项目都要走招投标程序的要求下，设计单位资质认证成为很多大型设计公司承接项目的直通车，也成为阻碍小公司参与的直接屏障。这种以单位为主体的资质授权虽然能够在设计单位内实现一定的学科交叉，但却也从实践项目来源上限制了小而精简类专项设计公司的深度发展，并且使每个大型设计单位都自认为自己能够做好所有的事情，巩固了资历的优势，却也削弱了行业之间更自由平等的合作与竞争。与此同时，即便注册城市规划师和建筑师有规定再教育的内容与课程，设计公司内部风景园林从业者参与继续教育的程度随公司领导层的管理理念而差异很大，怎样确保一个公司的思维理念在其所参与的多重视角中都能够追赶世界前沿也是很大的挑战。

直面企业资质的弊端，国务院于 2014 年 8 月正式宣布将于 2015 年 5 月全面取消所有非行政性审批事项。住房城乡建设部也开始推进企业资质与个人执业资格制度并轨，力图使企业资质逐渐淡出，加快完善个人执业资格制度的步伐，建立以个人执业资格制度为主体的工程质量责任体系。也许过程尚会很缓慢，但毋庸置疑中国国家的公权力正在一步步地力求创立更加公平竞争的企业环境以进一步优化整体景观的设计质量。

第四节
当代中国景观的发展机遇与挑战

当代中国正处于重构城乡景观的重要历史时期。过去 30 年的景观巨变，体现为旧城市空间的消解与演替，新城市空间的积聚，以及城市化波及中的乡村空间格局的变化。城乡重构造成的人和地球关系的失衡、物质和精神之间的失衡、城市和农村的失衡、技术和艺术之间的失衡是这个时代最显著的特征（仇保兴，2010；杨锐，2011）。城市化、全球化和信息化向当代中国以及未来几十年的景观发展提供了巨大的机遇以及严峻的挑战。

一、经济与城市化
当代中国的快速发展对于景观来说，既是难得的机遇也是巨大的挑战。因为有快速的发展，景观的重要性得以充分的体现；也因为发展的太过快速，设计师还未来得及思索景观就已经建成。

当代中国经济的快速发展是景观蓬勃发展的坚实基础。过去的 30 多年中，中国 GDP 的年均增长速度近 10%，其中大多数城市的 GDP 涨幅更加惊人，很多年份都保持在 10% 以上。按照经济学的 70 法则，中国经济平均每 8 年翻一番，增速为世界之最。截至 2010 年，中国的 GDP 在世界上的排名已上升至第二位，仅次于美国（国家统计局，2011）。由计划经济到市场经济，由温饱生活型到小康乃至富裕生活型，改革开放三十年来中国人的生活方式发生了翻天覆地的变化。中国经济发展所积蓄的部分财富在改革开放三十年中迅速转化为物质空间，其主要的表现之一就是快速城市化发展。

城市化的进程体现为人口城市化以及土地城市化。中国城镇人口的比重已由 1978 年的 17.9% 上升至 2012 年的 52.6%（国家统计局，2013）。以中国 13 亿总人口为基数，城镇人口已超半数，多于美国的总人口数。与此同时，中国城市数量快速增加，2010 年已达到 664 个，其中包括 31 个省、自治区、直辖市的 657 个以及香港、澳门和台湾省的 7 座城市。而且，所有城市的范围都在迅速拓展外延，土地的城市化进程可谓如火如荼（图 1-20）。全国城市建成区面积由 1990 年的 1.22 万平方公里增加到 2010 年的 4 万平方公里（王雷等，2012）。平均而言，我国城市化速率达世界同期两倍以上，只用了 34 年的时间就将城镇化率提高了 34.7 个百分点。尽管这些数据的统计会有一些误差，例如会包含一些流动的农民工等，但整体城市化水平飞速发展之势已

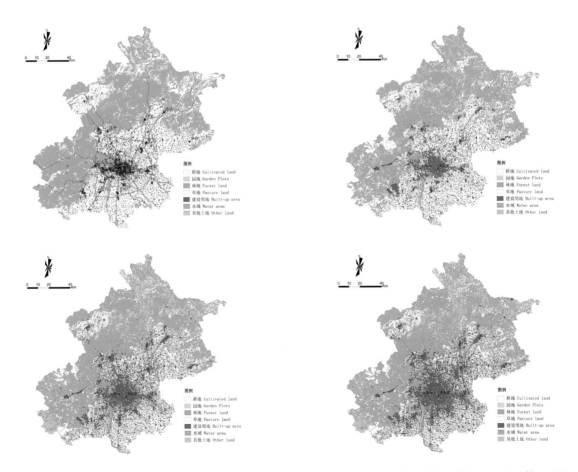

图 1-20 北京市 1985～2007 年土地利用发展变化图。该图展示了北京建设用地的快速扩张过程（俞孔坚，王思思等，2012）。

是不争的事实，且这种快的程度可谓史无前例且世界少有。

高速发展的城市化进程使中国的城乡空间格局经历了翻天覆地的变化，这一度使世界范围内的规划设计从业人员以及设计公司都对中国的设计市场产生了极大的兴趣，因为这里有大量的需求与机会，以及各种各样亟待解决的问题与挑战。与此同时，不少国外设计师来中国后的一大体会就是"太快了"。曾有不知"雨后春笋"这一词的国外专家将中国的建筑与景观比喻作成长中的蘑菇，一天一个样。还有不少设计师以近乎无奈的口气谈论"中国速度"，无论哪个城市，年年都变样，到处是工地，全世界 70% 的起重机都在中国。大量新空间在短时间内爆炸式的出现，常常是设计这边还在画施工图，工地上就已经开工建设的情景，大有在场地上直接施工画图的迫切性。中国城市化发展之快，快得让设计师没有思索与喘息的余地，这在不经意间会留下许多景观建设的后患。

二、生态环境

城市急剧扩张与经济高速发展破坏了大量的生态环境，使得当代中国有越来越多的人口处于各种环境安全的威胁下。改革开放三十年来中国的快速城市建设，在很大程度上是以挥霍和牺牲自然系统的健康和安全为代价的（俞孔坚，2005）。

在快速的城镇化过程中原有的农田景观向城市景观、工业景观、交通景观等转化，土地利用由农业用地变为城镇用地和工商业用地（吴次芳，鲍海君，2004）。林地和湿地等也随着城市化发展大量减少。国家林业局 2005 年公布的第六次全国森林资源清查结果显示，仅在 5 年中就有 1010.68 万公顷林地被改变用途或征占改变为非林业用地。2003 年全国首次湿地资源调查结果显示，过去的 30 年中，中国 50% 的湿地也已经消失。

相伴而来的是频频发生的灾害。为了满足北京等大城市用水的需要，中国开展了宏大的南水北调工程。而 2012 年 7 月的一场大雨，就使北京 100 余处积水，死亡 70 多人。如同北京一样，缺水干旱与内涝洪水在中国的许多地方同时并存。许多城市则面临淡水短缺的困扰，目前在我国 660 多个城市中，有 420 多个城市供水不足，其中严重缺水的城市有 110 个（侯京林，2013）。除却水患，2008 年的汶川大地震在山区频繁的崩塌、滑坡和泥石流，以及平原常见的地面塌陷和沉降，给了我们重重的一击，死亡 8 万余人。无序蔓延的城市，缺乏慎重考虑的建设项目，都使原来连续的、完整的景观基质消失和破坏，导致对灾害的自然抵制能力下降。

我国的生态环境已满目疮痍，环境污染问题已成为全民关注的焦点。改革开放以来，我国有记载的环境污染事件已发生 400 余次。2005 年松花江水污染事件，2007 年太湖蓝藻危机事件等，都为沉浸在经济发展与收入增加的愉悦中的公众拉响了环境安全的警钟（图 1-21）。而几年来笼罩在五分之一国土上空的雾霾(图 1-22)，更是让政府与公众意识到了解决环境问题的迫切性。

图1-21 水体污染。对水环境的破坏是中国发展之殇（李迪华摄）。

图1-22 雾霾。严重的大气污染影响人们的舒适生活（李迪华摄）。

图1-23 典型的拆迁现场。在旧城改造过程中，许多传统社区都消失了（李迪华摄）。

三、社会文化

景观不仅仅事关环境和生态，还关系到整个国家对自己文化身份的认同和归属问题（Girot，1999）。当下社会转型与文化变革中，文化归属感缺失的挑战带来了民族身份的危机。所谓的民族身份，就是梁启超所说的中华民族与文化"以界他国而立于大地"的个性与特征。当代中国一系列的巨变要求我们重新审视这个问题。

1．消解的传统

中国的历史源远流长。很多城市和乡村都有着悠久的历史以及自己独特的文化传统与氛围，而这些传统被传承的很少，大多数在浩浩荡荡的城市建设风潮中被逐渐消解。这其中既有传统人居环境不太适合当代生活需求的诱因，例如空间狭小、设施陈旧、木结构房屋已老朽且易失火等，但在很多情况下也是匆忙决策的结果。

近些年来，旧城改造的旗号使得大片历史街区被夷为平地，历经千百年岁月形成的街巷肌理，鲜活的传统社区以及市井文化被瞬间抹平（图1-23）。美国学者迈克尔·麦尔（2013）在《再会，老北京》中引用数据显示，从20世纪90年代开始，北京的胡同以每年平均600条的速度在消失。甚至有些地方还将成片成片的旧城全部拆迁，然后再重新建一些仿古建筑。新建房屋仍旧仿照旧式的传统，但其中的生活和文化却早已荡然无存，城市文脉也随之消失。

乡村也在城市化的进程中逐步消解。例如，三峡大坝建设使得百万移民离开了祖祖辈辈生活的峡谷，迁往外省他乡，重新组建生活的一切。除却这样的基本建设所带来的乡村重组，乡村空心化也随改革开放的进程日益严重，大量的农村青壮年以外出务工、求学、经商等各种途径纷纷走出家门，由从事第一产业转向第二、三产业，由经济欠发达地区涌入发达地区，由农村涌向城市。据统计，1978～1999年我国累计向非农产业转移农村劳动力1.18亿人，平均每年转移达562万人，转移劳动力的总量由0.22亿人增加到1.4亿人，平均每年增长9.2%，农村劳动力的非农化率由7.1%提高到29.8%。伴随着城市化发展需求以及农村空心化现象，"农民上楼"成了最近几年很多地方农村开发与农村土地流转的趋势。

"农民上楼"常常被学者视为中国的城市圈地运动。为了确保我国耕地红线，引导地方政府节约用地，国土资源部2008年颁布了《城乡建设用地增减挂钩管理办法》，如果农村整理复垦建设用地增加了耕地，城镇可对应增加相应面积建设用地——是所谓"增减挂钩"。国家政策的本意是为了整体调控土地利用，但在具体实施过程中却成为各地增加土地财政的利器——将情愿以及不情愿的农民都全部集中居住，腾出的旧宅基地复垦为耕地，这样就能换取新的城镇建设用地指标，从而地方政府每年都获得可观的土地收益（图1-24）。这一现象在全国轰轰烈烈地上演了几年，直至最近，已经开始有所调整，重新思索农村走向的新趋势，尤其是2011年国务院下发通知严禁农村强拆强建强迫农民上楼之后，各地官员和各路学者都在思索什么样的新农村建设才是真正可持续的发展模式。

经济发展以及私有化的推进致使另外一个具有中国特色的传统——单位大院——在逐渐消

图1-24 典型的搬迁楼。拿着补偿金置换掉自己在农村土地和房产的农民住进了和城里人一样的楼房（李迪华摄）。

解。国有企业或破产或改制，原有的职工逐步分散到各个行业重新立业。单位大院或由于位处寸土寸金的地段被开发商重新洗牌改造，或任凭破败，成为低收入人群的聚居处。

2. 失却的特色

工业革命以及信息革命带来了社会生活及其依托的社会空间的深刻变化。快速和高效成为这个时代设计以及生活的终极目标。城市原有建成区不断扩大，包括新的城市地域、城市景观的涌现和大规模的城市基础设施建设。原本的农田、自然林地、草地等多种多样的土地镶嵌体都变成了单一的城市建成区。

在这种快速发展的背景之下，中国城市没有避开"千城一面"的个性缺陷。上海、北京、深圳，每一个大城市都以摩天大楼、盘旋公路的景象出现，整体而言和英国的格拉斯哥、美国的纽约、底特律、洛杉矶并没有太大差别，令人置身其中而不知其所处（图1-25）。如果说我们的城市、景观作为社会意识形态的反映是民族及其文化的身份证，那么我们的身份正趋于同一。

图1-25 高楼林立的城区。中国在建设国际化都市的同时,也带来了千城一面的质疑。

第五节
当代中国景观的主要变化特征

在当代中国,新旧观念的冲击、人口的巨大压力、资源短缺的危机、环境的污染和生态的破坏、旅游业飞速发展所带来的冲击,以及城市建设和环境改造的快速发展给新世纪的景观学科带来了严峻的挑战和全新的发展机遇。快速城市化对物质空间设计发展的需求为景观的发展开启了一扇历史上少有的大门。无论是城市化,还是快速城市发展带来的环境影响与文化破坏,这都成为设计的挑战与机遇,因为设计师可以有机会尝试去解决这些复杂的问题,并在这个过程中担负起自己的责任(张云路,李雄等,2012;朱建宁,2008)。或因袭传统、或大胆创新、或乏善可陈、或标新立异,各种类型的设计与实践在当代中国的大地上快速开花结果。它们探索了各种各样的设计理念、过程与技法,直面当代中国的机遇与挑战,从各种视角试图解决当代中国的一系列问题,给当代中国景观的发展涂上了可圈可点的浓墨重彩。概括而言,当代中国景观的发展具有以下几大特色和突破。

一、由"配角"局部走向"主角"

在传统的认知中,景观仅仅是用来"填缝"的"配角"。事实上,在当代中国的建设中,景观也常常只是作为锦上添花的装饰。许多开发建设往往在建筑方案确定之后,才开始着手景观的设计,有时甚至是建筑建成之后才再通过景观来提升环境,景观工程往往被置于项目的收尾阶段,景观也仅充当美化楼盘的装饰(图1-26)。与此相对应的行业现实是，在中国设计景观的从业者们话语权普遍偏低，景观往往是在城市建设用地红线划定后再粉墨登场，就如同是用来"填缝"的技艺，可以说仅充当了其他行业的附属品（褚军刚，苗靖等，2011）。景观要成为"主角"，就意味着景观应尽早介入开发建设过程，发挥协调与引导作用。诚如"美国景观之父"奥姆斯特德早在创建现代景观学时就提出要在规划时先从场地的需求出发，进行总体的规划和控制，在明确了主要的集中绿地、廊道、交通绿地、保护绿地、水体规划之后，才开始进行建筑设计。国内亦有当代先锋设计者提出，应坚持"先保护，后开发"的思路，将"景观"视作为物质空间规划和设计的界面，综合协调自然与生物过程、历史与文化过程、社会与精神过程，以此来反思、弥补计划经济体制下形成的规模—性质—空间布局为模式的物质空间规划编制方法论所导致的城市环境危机以及景观整体功能结构的混乱（俞孔坚，2005）（图1-27）。亦有设计师认为"大到一座城市，

小到一个社区，规划应该由景观来控制和决定，建筑如何摆放应该根据自然景观的布局来完成，而不应在建筑成型后再在空地上'填空'补充绿化（陈跃中，2011）。"在现代城市，景观和生态体系应该作为规划的主线，在此基础上审视城市功能布局。景观的尽早介入能使基础设施的建设与景观融合在一起，从而减少对于生态环境的影响，而避免后期采用一些被动的方式去弥补。尤其是一些绿色基础设施的项目，景观专业必须在前期介入才能实现（陶练，2011）。

这一时代，景观规划师应扮演协调者和指挥家的角色，他所服务的对象应是人类以及其他物种，他所研究和创作的对象是景观综合体，其指导理论是人类发展与环境的可持续论和整体人类生态系统科学（包括人类生态学和景观生态学），其评价标准包括景观生态过程和格局的连续性和完整性、生物多样性和文化多样性及含义。所要创造的人居环境是一种可持续景观（Thayer，1993）。由景观主导城市发展的倡导与尝试是当代

图1-26 屋旁路边"见缝插针"式的填缝绿化。这种景观形式在中国的很多地方还都是司空见惯的。

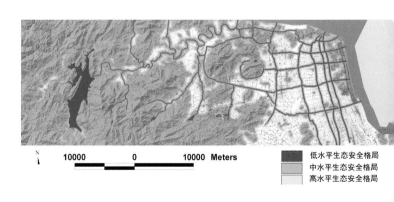

10000　　0　　10000 Meters

■ 低水平生态安全格局
■ 中水平生态安全格局
□ 高水平生态安全格局

图1-27 浙江省台州市综合生态安全格局（土人设计供图）。先规划绿色基础设施，才能保证在城市发展中自然景观和腹地对城市的持久支持能力，实现真正的可持续发展。

中国景观的重要特色。诚然，在当代中国社会，景观"配角"与景观"主角"的争执与实践一直并存，这既囿于不是所有项目都适合由景观来做引导的客观现实，也是不同行业之间话语权竞争的反映。即便如此，景观行业的部分实践已经逐步证明"景观主导"在某些区域与项目的推进中完全可行，并有其自身优势，具体体现有如下两点。其一，景观行业对于区域规划的参与和引导，以"反规划"和生态基础设施建设（50页）为主导。景观已经开始在某些项目中，尤其是生态类项目，迈出了区域统筹步伐。其二，景观逐步从传统园林"后花园"的建设，走向了引导各种类型城市建设发展的先锋。本书中后续章节所列举的城市建设的方方面面，清楚地显示出景观已经全方位参与到城市各类规划设计的建设过程中。诚如吴良镛先生（2004）所说，"从咫尺园林到大地景观，不仅是空间尺度上变化，量变引起质的变化，在规划着眼点、规划内容、规划方法上都引起了重大的变化。"当代中国景观的对象、内涵、设计过程与方法都发生了质的改变，不再囿于狭隘的"填缝"工作，它在社会发展和城市建设中的作用已经、也将会越来越大。

二、"不经意"的景观都市主义

由哈佛大学教授查尔斯·瓦尔德海姆（Charles Waldheim）所提出的"景观都市主义"旨在倡导景观取代建筑成为城市建设的最基本要素，通过景观的架构重新整合当代城市化进程中的现有秩序。而早在这个"舶来"的词汇传入中国之前，中国当代景观已"不经意"地实践了景观都市主义。那就是其字面含义为"景观"引导下的"都市主义"，亦可称为景观城市化（landscape urbanization）。中国的这些尝试能够为景观都市主义理论提供重要的实践案例以及进一步推进的思索源泉。

中国的景观城市化与中国的土地政策息息相关。1994年分税制度改革后，中央和地方的税收有了明确的界限，与土地相关的收入基本归地方政府，这直接催生了"以地生财"的土地财政模式。在"土地财政"推动房地产以实现税收和经济增长的背景下，绿地景观对于房产的增值作用就日益凸显出其重要性。研究表明，在北京建成区，公园绿地可促进12.56万公顷土地增值，总价值约为55亿元（夏宾，张彪等，2012）。同时来源于中国统计年鉴的数据显示，大型主题公园和游乐场的数量往往与该省GDP值呈正相关，这一方面体现出经济发达地区公园建设的优越性，也从另一方面说明主题公园可能具有经济拉动作用（史嘉，2012）。

以公园绿地的建设为契机，来撬动周边的地产以及商业发展，已经成为中国城市化的模板。"以景促城"，"新城未动，绿地先行"等形式逐步成为一种新城市发展的引领方式。例如本书后面所介绍的哈尔滨群力湿地公园（230页）以及嘉定紫气东来公园（232页）都明确定位为区域的中央公园，力图通过公园建设引导城市的发展。大型文化活动下应运而生的综合性公园也越来越多，随着世博会、园博会、奥运会等重大活动的举办，其园区建设更是为当地经济发展带来强大助力（图1-28）。自1997年中国（大连）国际园林博览会

图1-28 规模宏大的园博园。各类园博园景观不断地在全国各地建设起来，以期带动不同地方的经济发展。

举办以来，包括南京、上海、广州、深圳、厦门、济南、重庆、北京在内的诸多城市依次成为园博会的主办方，园博展园的前期投入，后期使用、维护等方面工作均带来新的经济增长点。园博园展览后还可以进一步转化为大型公园供市民游玩，成为"不闭幕的园博园"，且配合国庆、元旦、春节等大型节日，举办各种展出供人游览，以保持长期的收益。上海世博会的前期建设深刻地影响了上海乃至长三角的经济，而在后期，世博消费极大地刺激了上海的经济发展。根据系统分析，世博园的建造、投入使用的过程中，上海的就业岗位和消费需求激增（李楠，2010），体现出这些公园作为独立体在经济发展中的重要作用。

然而，在这种大规模的景观城市化思潮之下，一些不得当的开发也造就了一些空旷而无人使用的公园。同时，景观作为一种媒介，其功能不止于经济价值以及城市化的带动作用，景观作为当代中国城市化过程中刺激发展的基本要素之一，已经在重新组织城市空间发展过程中起到了至关重要的作用。这是景观在当代中国的莫大机遇，景观有机会也有潜力更全面地实践景观都市主义的其他社会与文化内涵。

三、由"少"到"多"的转变

对于当代中国景观而言，设计手法、设计场所以及服务对象均体现出了由"少"到"多"的转变。其一，在设计手法上，当代中国景观迅速突破了传统模式，开始了各种设计理念与手法的探索，这其中既有对生态问题的应对，也有对文化传承的反思，也包括艺术思潮的尝试。其二，在设计场所方面，当代中国景观已经走出了封建时期的私家园林以及新中国建国初期的少量公园的状态，成为城乡全方位建设的重要组成部分。仅就城市绿地空间而言，中国的城市绿地在改革开放后有了质的飞跃，很多城市绿地率已经超过50%。其三，在于服务对象的变化，这也是最突出的一点，中国的景观已经由封建时期服务于少数贵族阶级，新中国成立后服务于购买门票走入公园围墙内的少数人群，走向普通大众的日常生活。最为典型的当属中国公园围墙的倒塌以及多数公园逐步公有、公用化历程，详见第七章。在一定程度上，景观已成为公共空间的代名词。

"由少至多"是当代中国景观的最大成就，但我们也应该意识到，设计手法以及设计理念的"多"并不等同于"好"，"多"也反映出"杂"的特征，中国的当代景观尚未形成良性的体系。景观能全方位地参与到的城乡建设也是值得憧憬的前景，但是景观到底应该在城市化进程中起什么样的作用，怎样在不同的地域构建最适宜的景观也是值得深思的问题。同时，景观由服务少数人走向大众是中国当代景观迈出的一大步，但我们是否应该将整个生物圈、地球生态系统，乃至人与自然的和谐共生等问题都纳入景观考量的范围之内？

四、在消费主义中探索景观功能

当代中国发展的历程是市场经济逐渐成熟的过程，而景观作为经济发展的物质载体以及产品之一，不可避免地带有了市场经济固有的消费主义特色。然而，消费主义只是一种生活方式，其目的并不是为了满足实际需求，而是满足被周围社会刺激起来的，或是被市场制造出来的欲望。景观的经济属性被无限放大，其中最为典型的当属居住景观中的世界风情。这种"世界化"的住区景观从世界各地引进的不是生活方式，不是多元的价值观与文化，而只是一个绚烂的景观躯壳，用来满足当代中国人在刚刚开始富有的过程中求奇、求洋、求所谓"高大上"的欲望。而这种欲望也许并非国人所固有的需求，而是部分开发商、设计师以及城市管理者在市场驱动下引导、创造出来的消费欲望。《原始副本——当代中国的建筑模仿》一书作者比安卡·博斯克曾写到，"他们卖的不仅是山寨西方公寓，还有更美好生活的梦想……"。这种被刺激出来的欲望推动着中国景观走向精英化、奢侈化以及进口化。毋庸讳言，中国的很多景观仅是城市管理者以及市场经济消费欲望的表达，这种消费主义景观可以无关功能、无关文化，也无关审美情趣。

即便如此，在中国景观发展过程中，尤其是进入21世纪之后，也不乏对于景观内在价值以及景观现实功能的有效探索，这些功能既包含对自然生态方面的考量，也有对于传统美学价值观的思索、行为使用需求的专研以及"官与民"、"大众与精英"的思索。虽不尽系统与完善，却也有不少亮点与可取之处。第六节将集中探讨这些过程中的亮点。

五、以经济基础为导向的空间不均衡

当代中国景观的变化在空间上基本与其经济发展的势头相匹配，体现出一种不均衡的特征。中国的改革开放步伐始于深圳，并逐渐向周边蔓延。东南沿海地区由于区域以及历史的原因，经济活动相对活跃。相对应的，景观建设也非常多，人们对于景观品质也有着更高的要求。同时这些

地方的设计市场也相对更加规范、透明。更开放、更自由的东南沿海地区无论是从项目类型还是项目特色上都多于西北和内陆地区。本书所涵括的大量探索性项目都集中在东部沿海地区。

与此同时，东南沿海的快速发展也给当地整体景观格局带来了大量的人为干扰与破坏。前文所列举的各种值得反思的思潮在这些地域层见叠出，带来的是景观生态的破坏，人造景观特色的丧失。而西北部地域则在缓慢的开发进程中保留了很多本土特色与地方文化。从长远角度讲，难以断言这种发展差异的利弊。随着国家一系列有关西部大开发的政策的推进，尤其是2000年、2006年和2011年"西部大开发五年计划"的逐渐深入，西部从开发强度上会逐步跟进。那些自然、古朴、未开拓且未被破坏的场所，才真正是居住者精神寄托的家园。怎样从东部的发展过程中汲取经验，规避发展带来的生态和社会问题将是西部大开发进程中景观建设的重要议题。

第六节
当代中国景观的前沿探索

一、生态规划

生态规划的推进反映出整体城市化发展的需要，也折射了当代中国对生态问题的日益重视。目前在中国主要存在两种生态规划理念。其一，是以景观、生态保护为基本出发点的规划思路，如"反规划"与生态基础设施建设等思想，强调先保护生态基底然后再进行城市建设。"土人设计"作为反规划的发起者一直在大力推广这一方法，在国家、区域、地方以及场地等不同层面实践了反规划策略，典型的项目包括浙江台州，山东威海、菏泽，北京等城市的规划。亦有其他设计单位在重庆、海南以及山东邹平县等地的实践中应用类似的理念与方法。另一类理念，则更强调"自然—经济—社会"三者的融合，强调城市中人居环境的整体构建，是"城市规划的生态化方向"（马世骏，王如松，1984；王祥荣，2004；杨保军，董珂，2008；沈倩基，2009），其中的代表理念例如"生态城市"与"共生城市"等。这种生态规划以传统规划为依托，强调生态技术的运用，如中新天津生态城中的水循环系统、曹妃甸的淡水盐水分离规划，而且还通过指标体系的建立以及通过产业规划、生活方式的建立及社会组织来保障城市的生态化，以达到自然与人类的最大和谐。上海的崇明岛、中新天津生态城（第58页）、曹妃甸生态城（第60页）等正是这类规划理念的典型代表。

二、生态设计与技法

除了大尺度上的生态规划，生态设计与技法是景观专业人士直面中国生态问题在小尺度上的探索。当代中国景观实践尝试了不同的手法与技术以实现多方位的生态功能，国际前沿的生态技术与理念大多在中国已有所体现。这些手法在本书的后续章节将予以介绍。包括对自然最小干预的开发与建设策略：长城脚下的公社，秦皇岛汤河滨河公园（第210页）；将雨洪综合利用技术引入景观规划和设计：东方太阳城（第100页）、

图1-29 深圳市建科院屋顶花园。深圳建科院是一座成功的绿色建筑,空中花园不仅起到了通风降温的作用,也让使用者在这座高层建筑中最大限度地接近自然。

图1-30 北京野鸭湖国家湿地公园。规划设计利用生态修复的手段,通过生态敏感度的分析,划分不同级别的保护区,综合实现了湿地公园的保护监测、科普考察、生态旅游等功能需求,并因地制宜配套了部分服务设施,包括湿地科研综合楼、保护站、野生动物救助站、巡护步道、防火瞭望塔、生态厕所等(易兰供图)。

浙江黄宁永岩公园（第 213 页）、天津新城、中
关村生命科学园中心景观（第 137 页）、北京奥
林匹克森林公园（第 240 页）、万科建研中心等；
乡土群落与本土物种的强化：中山市鄂尔多斯尚
城山体公园、秦皇岛森林公园、北京香山 81 号
院住宅区景观；绿色屋顶（图 1-29）、人工湿
地以及生态修复等特殊生境绿化工程技术（图
1-30）：杭州西溪国家湿地公园（第 224 页）、哈
尔滨群力湿地公园以及生态修复技术、上海世博
后滩公园、上海辰山植物园沉床花园（第 203 页）、
天津桥园（第 238 页）、河北迁安三里河生态廊道、
江苏昆山华侨城吴淞江的修复等。

三、历史文化的新诠释

对传统文化和历史文脉的批判性、创新性
传承一直是景观行业探索的焦点问题之一。历史
文化是人类社会发展历程的积淀，它既是景观发
展的基石也是其创新的桎梏。当代中国景观一直
在尝试各式设计语言来延续历史脉络并对其进行
新的诠释，以传达出时代的特征（图 1-31、图
1-32）。本书收录的案例中：沈阳建筑大学校园
景观（第 121 页）、中国美术学院象山校园一期
工程（第 123 页）、上海世博后滩公园（第 219 页）
等都巧妙地将传统生产性景观，如稻田、农作物、
果树等，融入当代设计之中；北京奥林匹克公园
（第 240 页）、香山 81 号院（第 91 页）、美院的
校园（第 123 页）、上海新天地（第 152 页）等
都从传统民居建筑中寻找灵感，实现了对传统建
筑文化和乡土文化的重新演绎；杭州西溪国家湿
地公园（第 224 页）通过保护当地特有的桑基鱼

图 1-31 北京奥林匹克公园。奥林匹克公园里的这处景观综合
了多种传统文化要素：鼓、箫、瓦、案。同时又运用了传统园
林的借景与框景手法。

历史启示 高度有机的石头排布

历史启示 花园创造美景

历史启示 着重精雕细琢的装潢

亩园中的现代化应用 抽象的石头排布

亩园中的现代化应用 花园创造体验空间

亩园中的现代化应用 着重结构和材质

图1-32 上海世博园"亩中山水"的设计灵感。该设计力求在现代场景中再现中国传统名园中九种深入人心的意境，启发小中见大的想象力，并结合现代的实用功能要求和元素，实现亩中造景，虽由人作，宛自天开（易兰供图）。

塘肌理、村落的肌理以及过去的经济模式，实现了对场地乡土文化的保留、改造和创新；世博公园景观的设计（第217页）、中山岐江公园（第194页）的设计则都尊重性地利用了当地工业废弃景观，保留并展示了场地的文化发展历程。

四、新美学的尝试

当代中国景观的新美学尝试既包含了各类艺术对于景观的参与和影响，也涵盖了先锋人士对于审美价值观的思索。

艺术对景观的参与是各种美学思潮在景观上的尝试。当代中国有许多艺术家参与到景观行业

中，但其在景观业界的参与深度与广度与国外相比还有差距。但各种艺术手法与艺术思潮对于中国景观的影响却也是显而易见的（图1-33）。例如，艾未未参与设计的长城脚下的公社充分尊重并展示了周围自然环境之美，而其设计的义乌江大坝（第207页）看起来完全是艺术化的理念表达。贵州花溪夜郎喀斯特生态谷展示着大地艺术与乡土文化的有机结合（第179页），成都的活水公园（第205页）以艺术的手法展示污水处理过程，秦皇岛的滨河公园（第210页）中的红飘带充分展示着乡土文化的现代极简艺术手法，成都音乐公园（第151页）和上海新天地（第152页）等

北京第七届花卉博览会京华园。艺术化的流水设计形成了良好的人水互动（张唐景观供图）。

上海新天地内的装置艺术。带状景观与游人产生了良好的互动。

北京CBD艺术走廊中的雕塑。它是艺术、是框景，也是游戏空间。

图1-33 不同的艺术化空间。多元的艺术手法建构起多样化的景观空间以及人与景观的多种互动形式。

通过艺术手法使得废弃场地得以再生。这些作品都成为艺术与景观相融合的典范。

除却不同艺术思潮对景观的影响，当代中国也出现了一些有关新美学价值观的倡导。其中就包含有关"地方美"的反思，主要针对的现象是主流社会审美意识缺乏对人文地理差异的理解和尊重，导致设计常常过于凸显时尚精神而不是场所精神。忽略地方美的设计常常会变得随意和浅薄。此外，当代中国还开始出现对于"自然美"的呼吁。这种新美学价值观强调"大脚美学"（俞孔坚，2006），强调国人对于自然天然之美的欣赏而不是构建雕琢的虚假自然，强调让土地回归自然的大地。对自然美的强调和现代主义建筑的先驱者阿道夫·路斯（Adolf Loos）的观念同出一辙，认为"装饰就是罪恶"。自然之美在于自然本身，而不是依靠装饰，依赖于对自然的刻意雕琢。这种价值观在"土人设计"的一系列作品中都得以体现。

五、社会科学的渗透

社会科学的相关研究方法与研究成果也逐步影响着当代中国景观，并渗透在设计建设的整个过程中，包括项目开始前的社会调研以及宣传，项目进行中的整体协调、公众评审与研讨以及项目完成后的监督与反馈等（林箐，吴菲，2014）。这些过程与方法在当地中国景观的建设过程中并未形成完整的体系，但却也都有不同程度的尝试。除此之外，还有不少关于社会居民调控和经济发展引导研究、环境行为以及环境审美等的探索（段兆广，相西如等，2010；余汇芸，包志毅，2011）。社会居民调控和经济发展引导研究多应用于大尺度规划以及风景名胜区周边发展模式探讨，而环境行为和环境审美则多应用在中微观层面，整体而言，人性空间以及人性化设计已经成为景观所倡导的重点之一。本书所涉及的各类景观都从各角度涉及使用者的便利性以及舒适度等（图1-34，图1-35，图1-36）。而杭州江洋畈生

图1-34 福建省漳州市碧湖公园。公园的设计创造了人与景观的多种互动。或坐、或走、或玩，不同人的活动需求都得到满足（奥雅供图）。

图1-35 成都麓湖红石公园。项目基地介于5个居住组团之间，既有丰富的儿童活动场地及嬉水乐园，年轻人的野外烧烤区及运动公园，也有成都特色的老人棋牌场地。唯美的森林花溪及竹林秘境提升了场地意境（易兰供图）。

(1)

图1-36 浙江省杭州淳安县千岛湖广场。该设计解决了困扰千岛湖多年来"近水却不能亲水"的难题。边水池区由1.5万平方米的大无边水池、水舞台和音乐喷泉组成，成为当地人们最热衷的亲水场所（意格国际供图）。(1) (2)

(2)

态公园（第227页）又进一步将公园设计成一座露天生态博物馆，成为当地青少年的第二课堂和自然爱好者的观察和学习基地。除却专门设计的行为空间，当代中国景观中常常会出现一些自发的使用行为，例如大妈们在广场上跳舞、孩子们结伴爬大树等。这些行为值得进一步深入反思以更好地实现人性空间的理念。

第七节
走向未来的中国景观

纵观当代中国景观的发展之路，有可喜的成就，但也有着众多不成功的案例。城市的快速发展带来环境和社会问题，景观行业便一直在探寻解决之道，又因为城市景观的建设速度之快，决策之随意，进而间接加剧旧问题并引发新问题。探其原因，是在于科技的进步使得人类误以为自己能够凌驾于自然之上，将城市和自然视为对立面，总是试图通过所谓的科技来解决看似迫在眉睫的问题，于是生态问题还在持续恶化，文化特征还在继续离散……

为应对这一系列的社会与环境问题，中国政府近年来出台了诸多有针对性的措施。尤其是在2012年召开的中国共产党第十八次全国代表大会第一次明确提出了"坚持节约资源和保护环境的基本国策，坚持节约优先、保护优先、自然恢复为主的方针，着力推进绿色发展、循环发展、低碳发展，形成节约资源和保护环境的空间格局、产业结构、生产方式、生活方式，从源头上扭转生态环境恶化趋势，为人民创造良好生产生活环境"，并提出要实现中华民族永续发展，建设"美丽中国"，还要放眼全球，要"为全球生态安全作出贡献"。

党的十八大报告为中国景观未来的发展方向定了"生态文明"与"美丽中国"的基调。它首次专篇论述生态文明，把"美丽中国"作为未来生态文明建设的宏伟目标，充分体现了对中国特色社会主义总体发展方向的深化，彰显出中华民族试图对子孙、对世界负责的决心。十八大作为一种发展理念的革新，将会影响着中国景观发展思路的转变，走向可持续发展的明天。而这种发展方向所追求的绝不是形式的独特以及机器功能的强化，而是回归生存的本质——人与自然的共生发展。未来的中国景观将会直面城市发展之问题，以生态保护为优先目标，以地域文脉为意向，综合生态经济和绿色产业，强调公众参与和公众环境教育，营造兼具"生产性"、"生活型"、"生态型"和"精神性"的美好家园（杨锐，2013）。

中国景观从2012年的十八大以及2013年开始的一系列政策而开始走向一段全新的征程。2013年12月9日下发的《关于改进地方党政领导班子和领导干部政绩考核工作的通知》第一次阐述，要不简单以GDP论英雄，引导领导干部树立正确的政绩观，这意味着从1985年开始以核算GDP作为干部政绩考核的重要指标之一将被逐步弱化，全中国轰轰烈烈的景观政绩工程以及土地财政会逐渐显得退隐。随后12月12日至13日开展的中央城镇化工作会议直面史无前例的13亿人口大国城镇化的难题，强调以人为本，要求提高城镇建设用地利用效率、优化城镇化布局和形态、提高城镇建设水平并加强管理。不能无限制地扩大建设用地，要按照守住底线、试点先行的原则稳步推进土地制度改革。要"让居民望得见山、看得见水、记得住乡愁;要融入现代元素，更要保护和弘扬传统优秀文化，延续城市历史文脉;要融入让群众生活更舒适的理念，体现在每一个细节中。"

2014年开始的"海绵城市"建设凸显了中国政府直面生态问题的坚决态度。海绵城市将城市比作能够弹性地适应环境变化和应对自然灾害的"海绵体"，是从水循环以及水资源角度提出的城市及景观规划设计的生态优先视角。海绵城市建设试图将自然途径与人工措施相结合，以城市排水防涝安全为前提，最大限度地实现雨水在城市区域的积存、渗透和净化，促进雨水资源的利用和生态环境保护，协调水循环各环节的复杂性和长期性。2015年4月2日，海绵城市建设的16个试点城市名单正式公布，以海绵城市建设为先导的生态建设开始在全国轰轰烈烈地展开。

2012年以来的一系列政策规范与建设重点转变都表明中国的公权力正力图引导着中国的城市化以及景观建设走向更科学、更系统、更理性、更精致和更务实的未来。在未来中国城市化的大潮中与景观相关的所有设计行业及其从业者应做好转变的准备，承担起这个行业在时代中的责任。

一、由增长转向发展:坚持生存的艺术

许多经济学家时常用"没有发展的增长"谈论非良性经济循环。同样的概念在景观业界也很适用，因为增长并不意味着发展。中国城市未来

的发展必将会抛弃"摊大饼式"以及求大、求宏伟的模式，走向更加可持续的发展途径。干旱、洪涝、雾霾、污染、风沙，我们的城市化进程已经伴随着太多直接影响国人基本生存状态的问题，国家上上下下都在寻求问题的解决之道，景观行业自然也首先应该成为生存的艺术，解决当代中国人的生存问题(俞孔坚，2007)，重新建立当代中国的人地关系。让当代景观超越视觉展示的功能，成为能够自我循环的、具有一定生态系统服务功能的场所。

倡导生存艺术并不意在贬低其他设计方式以及思路，而是说，从国人基本需求的角度讲，在未来几十年中没有生存何谈其他? 健康地生存作为中国人最基本以及最实在的第一需求，是首当其冲应该解决的问题。世界的学科发展已经告诉我们，没有一种职业，没有一门学科能够像景观那样有能力、有义务来解决上述人与土地之间的矛盾。参与到景观创建过程中的所有设计师都应该很自豪自己有能力及机会参与解决生存问题，或者至少应该力求自己所设计项目不会成为国人基本生存需求的障碍。只有直面生态问题、直面全球变暖、直面粮食短缺等一系列中国甚至是全球的生存问题，设计的思路才可以更有张力，设计的效益才能进一步拓展。也许半个世纪之后当代中国的核心问题会发生变化，中国景观的重点也会转变，但仅就目前这几十年来看，城市化与土地的矛盾还是核心问题所在。

景观作为生存的艺术，除了要通过理性科学的途径来保护和监督自然生态、构建人类基本生存环境之外，更重要的，景观是耦合生态与生活

的媒介。生态与生活之间有时是矛盾的和冲突的（Carlson，1995；Hough，2004），设计需要协调人类发展以及需求与生态保护之间的关系，而这种协调则需要设计的智慧以及整合的艺术，这种艺术既包含理性的科学分析，也包含感性的设计灵感（Nassauer，1995）。理性与感性共生的生存艺术将成为协调国人发展需求与生态良性循环的基础。

二、由框架转向细节：结合理论与实践

当代中国城市化发展是以"房地产化"和造城运动为基调，在这个过程中构建了城市的基本框架，却也遗留了很多亟待解决的问题。如今，中国城镇化率已超过50%，设计景观怎样在这一基本框架之上搭建使之能够良性循环的细节，并进一步理顺、修整基本框架将是未来发展的重中之重。

怎样融合城市与乡村？当代中国城市化既是城市发展的故事，也同时开启了乡村空心化的历史进程。融合城乡并不等于要使农村变成城市，而是让乡村与城市能互为补充，功能上更加协调。与此同时，乡村地区和城市地区未来要面临的问题以及解决之道可能全然不同。除却一些旅游开发和建筑设计样本外，中国的乡村相对而言是被设计忽视的地域。大多数乡村依然保留着其地域文化特征以及自下而上的景观自建自创过程。未来中国农村的城镇化怎样在发展的同时整合本土的各种过程并传承地方特色文化是中国景观的未来使命。而城市已是在中国城市化过程中被全力打造的场所，未来需要反思的是城市中存在的问题，并探索景观能够在其中所起的作用，例如工业从城市中心地带向外转移的过程中所形成的城市棕地该怎样被改造利用？城市当中40%左右的绿地到底该承载什么样的景观功能？如何处理城中村景观？

怎样在不同的地域做最适宜的设计？就像我们在批评城市美化时一样，再好的出发点以及设计思路，一旦被无限以及无序复制就成为问题所在（图1-37）。景观的设计应该构建以当地生态以及人文需求为根本的设计对策，而不是简单地把一种或者几种设计模式在不同的地点任意拼贴。如同中国的水墨画一样，浓淡相宜。中国的景观也应该如此，并不是所有的地方都应该设计得精雕细琢、天花乱坠，也不是所有的地方需要宏伟蓝图。设计师对待场所也应该有所着重，有所"放手"，让自然去做工。适宜于场地的方式才永远是最好的。设计应该敢于做一系列减法(朱

图1-37 北京市植物园内的郁金香。繁花似锦的植物园吸引了大量的游人并向参观者直接讲述了各种植物的特色。这种景观在植物园中很适宜也很有必要。但类似的景观如果被当成范本搬到城市的各个角落，就会变成费钱费时费力的城市化妆，不再具有植物园中所展示的经济以及社会价值。

建宁，2013），做因地制宜、回归场地和自然本质的设计，做"不夸大，不扭捏作态，不故弄玄虚，不炫耀的、朴素的设计（苏肖更，2013）"。

怎样架构理论与实践的桥梁？"中国速度"使得许多设计项目都未加系统思索，或是只强调了理念、框架性发展方向，并没有深究最终的落实效果。未来中国景观的发展既要摒弃那些为了追赶中国速度而只做不想、不归纳不总结的做法，也要避免只空谈概念以及强调概念的重要性，而不关心概念落实的结果以及最终的效应。如何来总结实践？怎样将理念落实到细节与实处将是未来的重中之重。可持续发展不仅仅是一种倡议，更重要的是需要具体的细节以及脚踏实地的技术与工作。未来中国景观应该突破理论与实践的界限，让理论与科研来指导设计实践，也让设计实践回馈理论体系的建构（王志芳等，2014）。

三、由世界回归乡土：探索当代中国景观

拿来主义的设计也许很快就会谢幕，未来中国景观将重点探索"传承自身的文脉，重塑自身的特色（仇保兴，2013）"，让当代中国景观在直面现代化的同时回归"乡土中国"。朱自清在1948年谈及新中国新文化创造时曾提到新文化的创造要"批判地采取旧文化旧艺术，士大夫和民间的都用得着，外国的也用得着，但是得以这个时代和这个国家为主"。当代中国构建"新中国"景观的过程也是如此，应立足于这个国家这个时代的问题所在，寻求中与西、古与今、官与民三个方向的协调。应该不仿古也不排古，不媚外也不排外，同时官方的决策更加立足于居民的需求。

现代化并不是指西方化，而乡土中国也并不意味着回归传统中国，因为乡土也是在进化着的。一味崇洋与一味复古都是不可取的。回归乡土以及创建中国式设计的根本是直面中国当代的现实问题，关怀中国的土地和人民。景观的设计所要直面的不仅是官方的意志以及所谓高尚的需求，而是大众的日常需要。"此地的人与脚下这块土地发生的真实关系，就是乡土之源，所以我们必须回到真实的乡土（俞孔坚，2005）。"只要是为了适应解决当代中国现实问题而进行的设计，便是中国式的设计，也许解决问题的手段和手法是现代的亦或传统的。但这些问题却是针对当下的大众和土地的，而不是满足消费欲望的。我们的祖先已经遗留下了很多具有中国和地方特色的优秀生存艺术结晶：观灵渠、都江堰，我们可以体会到先祖们创造的古老的雨洪调蓄艺术；看元阳梯田、芒康农地，我们可以探索出古人们在有限资源中创造出的高效生产的经验；赏顺德基塘，我们更加惊叹古人思虑之长远，早已在千百年前将循环经济和低碳经济的理念融入生产。而今日的我们更应该以高科技为依托、继续秉承祖先立足本土的实验和创新精神，反复实践、持续总结，构建未来中国的生存艺术与可持续发展之景观历程。

四、由经济转向人文：推动社会精神文明

老年人跳广场舞与周边住户之间的矛盾并引发冲突是近年来中国媒体经常谈及的话题，它直接折射了在以经济发展和消费主义为导向的景观建设过程中，国人的行为需求尚未得到

满足，相应矛盾缺乏良好解决途径。除此之外，中国实际上还存在一系列其他人文问题：即将来临的老龄化社会，计划生育政策的放松将有更多的孩子需要接触大自然，繁忙的生活节奏以及缺乏锻炼导致青壮年人的过劳死问题等。景观需要为这些人文问题提供解决之道，为大众提供活动空间，引导青壮年以及全社会的健康发展，通过满足人文需求成为提升人们幸福感的一种途径。诚然，很多地方政府以及设计师都已经逐步意识到这些问题，例如广州已经开始着手打造 10 多个儿童公园，力求 2015 年全面开放，但这一切尚处于起步阶段。这些问题必将会是未来中国景观发展的重点。

除此以外，景观建设未来更重要的是要直面国人的人文价值观。当代中国发展过程中"物质生活的高度文明，反而伴随的是精神生活的极度贫乏，当我们的世界变得越虚无，我们就越需要有形物质（张文英，2014）。"这些对于物质与精神的反思要求景观从业者在构造归属感以及引导大众精神生活和价值观过程中承担起应有的责任。设计师应该带着社会理想、带着职业追求、带着道德伦理来建构最能影响大众社会价值取向的景观，而这种价值取向应该是集约的、低碳的、绿色的以及智慧的，而不是消费主义欲望的满足。生态问题本质上是社会问题，只有通过改变全社会人的观念以及行为，才能更好地应对可持续发展的难题。勿以恶小而为之，勿以善小而不为。景观的设计与

图 1-38 河北省秦皇岛湿地公园。活生生的景观是最好的价值体验场所。这处湿生景观在建成之初被不少使用者诟病为荒芜之地，但却在几年之后，越来越多的游客谈及他们多么喜欢这里的自然氛围。生态的存在本身就是一种教育（土人设计供图）。

建造过程应该是人文价值观的碰撞式教育过程，景观的物质客观存在也应该成为环境教育的一部分，景观业界可通过自己的实践倡导对他人的尊重、对地球的尊重，从而架构人与人以及人与自然的和谐共生（图 1-38）。

我们处在一个生活大变化的时代，在知识爆炸，飞速发展与生存危机中探索着前进。我们的国家所拥有的文化财富，以及目前所处的高速发展阶段，是任何一个国家和地区在任何时代都无法比拟的，也就说中国景观的发展有其特殊性、代表性。景观之未来将要重点探索中国发展的独特之处，在博采世界最新的设计技术之长的同时，寻求自身的特色。中国这片最具有探索潜质的实验地正在召唤前所未有的责任。那就是创建中国自己的景观理论，构建 21 世纪中国特色，走自己的发展之路。

第二章
景观规划

　　前科学时代的"风水"可以说是中国大尺度宏观格局决策的思想萌芽，它使整个中国大地都通过龙脉和气的运行网络相连，形成以风水分形又充满诗意的大地景观（俞孔坚，1998）。而相信科学、依赖技术的当代中国发展则摒弃了"风水"玄学，景观的大尺度规划更多接受采纳了西方的规划设计思想，比如苏联的绿地系统建设、景观生态学以及麦克哈格的《设计结合自然》等。景观规划是风景园林专业重要的二级学科，但其发展却远未像国外一样自成体系，而是分散在不同的大尺度规划决策中。

第一节
社会背景

与景观规划相关的大尺度规划在当代中国的推进有三大社会背景：快速城市化（21页）、土地招拍挂（15页）以及土地集体所有（8页）。快速城市化是大尺度规划的前提，因为有发展需求，所以需要有相应的发展对策，大尺度规划成为保障快速城市化的必要产物。与此同时，由于城市化过程中的土地利用需要走招拍挂过程，有关什么地方招标以及怎么协调周边发展的考量日益凸显了大尺度规划决策的重要性，大尺度规划成为土地招拍挂的基本依据所在，以及土地财政的起点所在。此外，由于中国的土地全部为集体所有，这使得空间上整合不同的行政区域进行更大尺度的决策成为一种可能。不需要经过太多由下至上的协商过程，集体所有的土地产权极大地缩减了决策过程并强化了大尺度规划决策的实施力度。在此三大背景的引领下，中国的大尺度规划在不同尺度、以不同的侧重快速推进。

本章涵盖了与景观规划相关的各种大尺度努力，第二节的绿地系统建设是新中国成立以来传统的宏观绿地调控手段，法定上尚隶属于城市规划范畴。第三节的生态基础设施是反思城市规划以及绿地系统问题所提出的解决途径，是最接近系统景观规划的思路。第四节的人居环境建设是更综合地试图将城市规划生态化的努力。第五到六节的绿道和遗产廊道则实际为更为专项、更有针对性的规划手段。中国的风景名胜区体系规划也是一项与本章节内容相关的大尺度决策，但由于其着眼点是旅游或保护并已经在游憩章节（第155页）有进一步陈述，这里就不再重复。

第二节
城市绿地系统：内涵逐步拓展

城市绿地系统是新中国成立后由西方舶来的规划思想。新中国成立后的第一个五年计划（1953～1957年）期间，一批新城市的总体规划就开始明确提出了完整的绿地系统概念。而其真正快速发展期则还是在20世纪90年代以后，城市绿地系统规划开始作为城市总体规划的一个专项规划进行独立编制，极大地促进了我国绿化建设的发展。统计数据显示1999年年底，全国城市平均绿地率达到23%，绿化覆盖率27.44%，人均公共绿地面积6.5m^2（商振东，2006）。到了2007年，全国城市建成区绿地率则达到28.51%，绿化覆盖率达32.54%，人均公共绿地面积7.89m^2。绿地系统规划所成就的绿地指标数量上的提升是有目共睹的。

城市绿地系统一直以来的主要思想是希望从城市整体出发，综合发挥园林绿地的防护、游憩、文化体验、城市美化等等功能。在具体的规划方案中，多以环、楔、廊等几何元素规定绿地系统的空间结构（图2-1，图2-2），有重"形态"轻"功能"之嫌。2002年，园林基本术语标准的颁布从行业角度将城市绿地系统定义为："由城市中各种类型和规模的绿化用地组成的整体"（雷芸，2009）。并于2002年9月1号起实施《城市绿地分类标准》（表2-1）。值得注意的是，这其中的大多建成区绿地被归为附属绿地，其定义及分类直接界定了绿地环境在此类项目中的"附属"地位。而国外则大多把这些不同的绿地统称为开放空间，处于不同位置、发挥不同功能的开放空间。

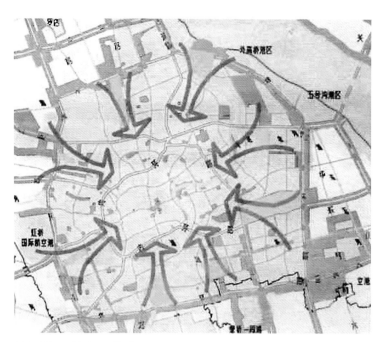

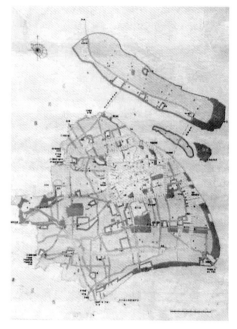

绿地系统规划结构之"楔"。

绿化系统规划结构之"环"。

图 2—1 绿地系统规划常见的形态。按照几何形式对绿地系统进行规划的典型代表是"环"、"楔"和"廊"。它们分别指的是环状绿地、楔形绿地和河道与道路绿化。这些结构如果不能有效同自然系统以及其功能相结合，就会变成纯粹的形态规划。

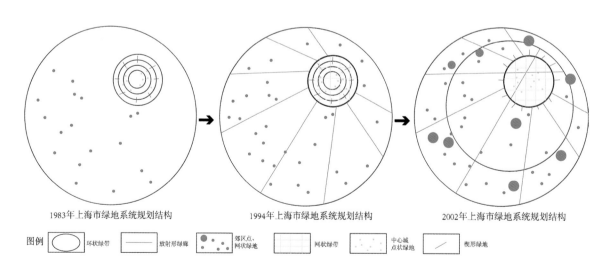

| 1983年上海市绿地系统规划结构 | 1994年上海市绿地系统规划结构 | 2002年上海市绿地系统规划结构 |

图例 ⬭ 环状绿带　──── 放射形绿廊　●∙ 郊区点、网状绿地　▦ 网状绿带　∴ 中心城点状绿地　╱ 楔形绿地

图 2—2 上海市绿地系统规划结构演变示意图。该系统经历了一个从点到面、从慢到快、从量变到质变的发展过程。其进化的特征和规律可以归纳为：从非系统形态到系统形态，从无机系统到有机系统，从单一分散到相互联系，最终逐步走向网络连接、城郊融合。

表 2-1　城市绿地分类标准

类别名称	内容与范围
公园绿地	向公众开放，以游憩为主要功能，兼具生态、美化、防灾等作用的绿地
生产绿地	为城市绿化提供苗木、花草、种子的苗圃、花圃、草圃等圃地
防护绿地	城市中具有卫生、隔离和安全防护功能的绿地。包括卫生隔离带，道路防护绿地、城市高压走廊绿带、防风林、城市组团隔离带等
附属绿地	城市建设用地中绿地之外各类用地中的附属绿化用地。包括居住区用地、公共设施用地、工业用地、仓储用地、对外交通用地、道路广场用地、市政设施用地和特殊用地中的绿地
其他绿地	对城市生态环境质量、居民休闲生活、城市景观和生物多样性保护有直接影响的绿地。包括风景名胜区、水源保护区、郊野公园、森林公园、自然保护区、风景林地、城市绿化隔离带、野生动植物园、湿地、垃圾填埋场恢复绿地等

即使中国的绿地系统标准一直还未有官方的改变，但中国的绿地系统却一直处在发展演变过程当中。许多专家学者都意识到传统绿地规划的问题并试图对其进行改变。吴人韦（2000）认为城市绿地系统存在城市绿地的环境效能低下、绿化过分依赖人工维护以及过分人工雕琢与堆砌倾向。刘滨谊（2007）指出中国的绿地系统不应受制于行政界限的限制，应进行城乡一体化的绿地系统规划，并将建设与保护并重，既要确定开发建设的区域，也要确定必须加以保护的范围。俞孔坚（2010）倡导绿地系统的功能诉求应为改善城市生态环境、提供游憩场所和创造优美城市环境，可实际的几楔、几带、几环的空间格局则使绿地规划成为城市形态设计的工具。同时城市建设与发展必须有一个城乡一体的绿地系统规划，而建成区只是城乡一体的景观系统的有机组

成部分。伴随着对于传统绿地规划思想与方法的反思，新的绿地系统规划研究与实践都在不断探索中。

整体而言，当代中国的绿地系统建设正在经历一个由"形态"向"生态"的转变过程。以上海市绿地系统规划为例，上海市于1983年、1994年和2002年进行过三次城市绿地系统规划（图2-2），1983年的绿地规划主要在上海中心城区，以后两次规划的范围扩大到市域范围。1983年的规划结合多心开敞的城市布局，提出了点、线、面相结合的绿地空间结构，但是整体还未成系统，城市绿地分类不全，没有详细的树种规划、生物多样性保护规划以及分期建设规划。1994年的规划将绿地系统的布局归纳为一心两翼，三环十线，五楔九组、星罗棋布，涉及了生物多样性保护行动计划，建成区与市郊绿地协同发展计划，

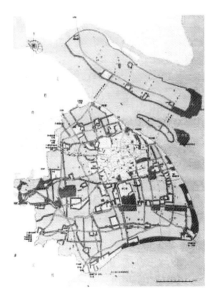

图 2-3 上海市绿地系统规划图 (2002～2020)。该规划已经开始向整体性、系统性、层次性以及生态性的生态绿地网络方向进化。

但是还未涉及详细的树种规划。2002 年的规划则形成了环状绿地、楔形绿地、防护绿带、公园绿地和大型林地的系统，即"环、楔、廊、林、园"系统。值得一提的是这一版绿地系统规划还结合了中心城区的旧城改造，产业布局调整以及自然保护区建设等，极大地扩充了绿地系统规划的内涵（图 2-3）（张浪，2009）。

上海市绿地系统在过去几十年内的变化充分体现了绿地系统从空间的点线面结构逐步向理性、生态性过渡的特色，虽然很多情况下还是城市规划的附属和填缝产物。上海绿地系统的发展共有四个阶段。第一阶段为缓慢发展阶段（1949～1978），只有零星绿地及公园建设，如第一条外滩滨江绿带、人民公园、杨浦公园等。第二阶段为稳定增长期（1986～1998），这一时期国家十四大明确提出"尽快把上海建设成国际经济、金融和贸易中心"，城市绿地成为提升上海国际地位的重要标志，但整体绿地建设还是在见缝插绿。第三阶段为跨越式发展阶段（1998～2005），绿地建设开始快速推进，已经从见缝插绿转变为规划建绿，开始探索具有时代特征以及上海特色的绿化发展之路。而 2005 年至今的质量跃升阶段则开始直接面对世博会的机会，力图打造建设生态型城市。上海绿地建设在规划思想上经历了从"水泥森林"到"园林城市"再到"生态型友好城市"的进化。从绿地系统规划方面则经历了从"城市中的绿地"到"绿地中的城市"的转变，从单纯的绿地生态系统，到市域生态网格系统的转化，这种变化的根本原因是政治经济的发展，直接原因是不断推出的新版规划，同时又与人们对绿化认识的深度息息相关（张浪，2007）。

第三节
生态基础设施：地位日趋重要

以反思传统城市规划以及绿地系统规划过程为依据，生态基础设施受到越来越多的关注，其中最主要的思潮之一当属"反规划"，即反转规划过程。"反规划"强调生态基础设施建设，更侧重于对生态与自然过程的关注，强调规划中对生态格局的先行保护，优先进行生态基础设施的确立，贯彻"生态优先、绿地优先、开敞空间优先"的可持续发展原则。传统的规划模式是根据城市建设用地供应的可能性来设置绿地，多以"人口——性质——布局"为出发点进行城市规划和绿地建设，而现代城市发展则要求按照社会生活的综合需求和环境资源合理配置城乡绿地，实现城市区域社会、经济、环境和空间发展的有机结合。景观中存在着一些关键性的局部、点及位置关系，构成某种潜在的空间格局，这种格局被称为景观生态安全格局(Ecological SPs)，它们对维护和控制某种生态过程有着关键性的作用。通过研究安全格局建立跨尺度的生态基础设施（EI）有助于保障关键的自然和文化过程的安全和健康，维护大地景观的生态完整性和地域特色，并为城市居民提供持续的生态服务，实现城市绿地景观生态学化营造，以及城市资源、环境可持续化发展的目的。反规划是一套系统地针对自然生态过程开展的空间格局上的规划（俞孔坚，2002）。土人设计大力推广这一方法，在国家、区域、地方以及场地等不同层面实践了反规划策略，典型的项目位于包括浙江台州、威海、菏泽、北京、马岗村等。其他公司也在重庆、海南岛以及山东邹平县等应用了类似的理念与方法。

除却学术以及实践探索，生态安全格局在政策层面也逐步受到重视。2012年11月，中国共产党第十八次全国代表大会将中国特色社会主义事业总体布局由经济建设、政治建设、文化建设、社会建设"四位一体"拓展为包括生态文明建设的"五位一体"，并指出应"构建国土生态安全格局"。十八大报告提出构建生态安全格局的途径包括增强生态系统稳定性，保护生物多样性、增强城乡防洪排涝抗旱能力、加强防灾避险体系建设等。

表 2-2 传统绿地规划对比"反规划"

	传统绿地规划	基于"反规划"的绿地规划
目的不同	把绿地作为实现理想城市形态和阻止城市扩展的工具。	维护城市健康所需要的自然生态系统，为城市和居民提供完整的生态系统服务。
次序不同	被动的、滞后的：绿地系统和绿化隔离带的规划是为了满足城市建设总体规划目标的要求进行的，是在建设用地规划之后的填补。	主动的、优先的：在城市建设用地规划和各种土地开发之前，落实生态优先。
功能不同	单一功能的，如沿高速环路布置的绿带，缺少对自然过程、生物过程和文化遗产保护、游憩等功能的考虑；	综合功能的，包括水源涵养、雨洪管理、提供生物栖息地、文化遗产保护、游憩、审美等；
形式不同	零碎的，往往是迫于应付城市扩张的需要，并作为城市建设规划的一部分来规划和设计，缺乏系统考虑。	系统的，是与自然过程、生物过程、游憩保护和游憩过程紧密相关的，是城市的生态基础设施。

宏观

通过整合水安全格局、生物安全格局、游憩安全格局等来建立区域生态基础设施。不同安全水平的生态基础设施成为城市整体空间发展形态的基础。

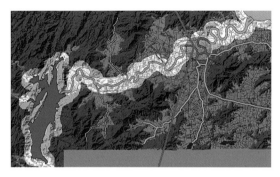

中观

对构成EI的关键元素，特别是对雨洪管理、生物多样性保护、文化遗产保护和游憩具有关键意义的廊道制定设计和管理导则。

微观

针对特定地段，设计多种可能的城市土地开发模式和空间布局，使区域生态基础设施的服务功能引入城市肌体，并验证其可行性。

图2-4 浙江省台州市的跨尺度基础设施网络。在各个尺度都有各自不同的重点以及规划设计做法。

台州市的规划是"反规划"思想的实践典范。它反思了传统规划一味追求经济发展所导致的生态环境影响，通过尊重自然过程与景观格局，建立了跨尺度的生态基础设施。

台州市位于浙江中部沿海，市域陆地面积9413km²，人口546万。市区1536km²是研究的主要范围，由椒江、路桥、黄岩3个区位核心构成，空间上呈三足之势，现状市区城镇户籍人口65.7万。台州区域内有丰富的山林、水网景观，三个建成区围绕的绿心是台州自然景观的一大特色。然而八十年代以来，随着经济的快速增长及城市的混乱扩张，当地景观逐渐丧失生态完整性和地域特色。

该规划的主要目标在于通过"反规划"途径，建立一个生态基础设施（EI），来保障关键的自然和文化过程的安全和健康，维护大地景观的生态完整性和地域特色，并为城市居民提供持续的生态服务。通过对景观过程的分析，判别景观安全格局，建立宏观、中观、微观三个尺度的生态基础设施（EI）（图2-4）。这3个尺度上的EI规划和设计分别与城市发展建设规划（"正规划"）的总体规划和城镇体系规划阶段、分区规划和控制性规划阶段以及修建性详细规划等各个阶段相对应，并分别成为各个建设规划阶段的基础。

具体包括以下步骤：宏观上，根据台州的特点，确立主要的景观过程，包括非生物过程——洪水和雨洪管理（图2-5），生物过程——生物多样性保护（图2-6），以及文化过程——文化遗产保护和游憩过程。针对每种过程，建立高、中、

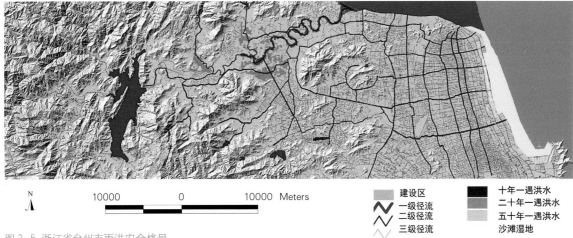

图 2—5 浙江省台州市雨洪安全格局。

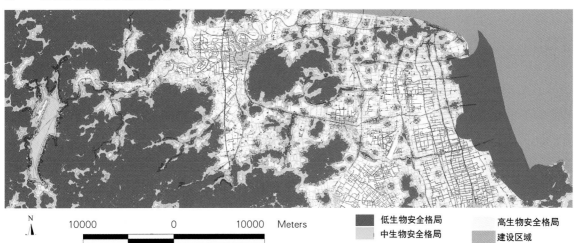

图 2—6 浙江省台州市生物安全格局。

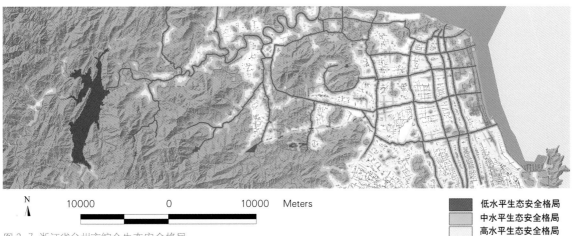

图 2—7 浙江省台州市综合生态安全格局。

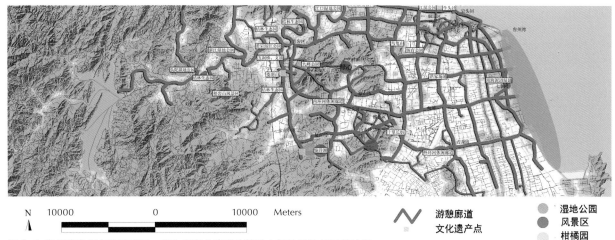

N 10000   0   10000   Meters

游憩廊道
文化遗产点

湿地公园
风景区
柑橘园

图 2-8 浙江省台州市游憩廊道。在生态安全格局的基础上架构系统的游憩体系。

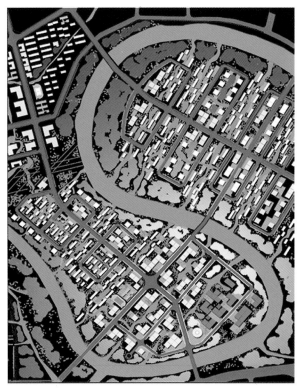

■ 道路 ■ 绿地 ■ 水体 □ 居住用地 ■ 商业用地
■ 文化用地 ▨ 服务用地 ■ 学校

低三个水平的景观安全格局，并将各安全格局叠加整合形成综合安全格局（图 2-7）以及宏观生态基础设施（EI）。然后基于不同水平的 EI，进行城市发展空间格局的模拟，提出 3 种相应方案。最后综合考虑市政基础设施、交通、城市运转的经济性等，对方案进行可行性比较评价，选择基于中标准 EI 的方案。

中观上，对台州市 3 个城市分区和 4 条典型廊道制定控制性规划和导则（图 2-8）。在总体 EI 的基础上，进一步明确 EI 的具体位置、控制范围、各个 EI 局部的主要功能、可干预程度及方式，并制定相应实施导则以指导地段保护和设计（图 2-9）。

图 2-9 浙江省台州市水城镇规划图。以生态安全格局为基础的发展建设将弱化城市化的不良环境影响，有机融合人们的日常生活与生态保护。

图 2-10 北京市通州区宋庄区位图。宋庄地处北京东部发展带上，距离 CBD 中央商务区 13 公里。

微观上，将区域和中观尺度上 EI 的生态服务功能，导引到城市肌理内部，并检验"反规划"途径的可行性及其与现行城市土地开发模式的兼容性。

反规划理念及方法的提出，为城市规划提供了一种新的逆向思路。通过尊重自然过程，让自然本身发挥作用力解决生态问题，相比传统城市绿地及市政设施等被动的处理方式，能够更为有效地应对环境问题，例如对雨洪问题的解决、对生物多样性的保护等。虽然"反规划"作为生态规划的一种途径，着重于客观的自然过程与城市生态安全格局，在规划以及论证过程中未强化城市开发过程、经济规律以及居民

生活行为等，但该规划方法提出了宏观中观微观以及基于高中低三种不同安全水平的生态基础设施方案，还是为经济建设和社会发展提供了比较与选择余地。

除却反规划，不少其他设计项目以及企业都从类似的角度探索生态基础设施建设及其在城市发展中的作用。宋庄总体规划就试图在重新配置城市、开放空间以及农田关系中创造一系列自我可持续的社区。宋庄位于北京通州区（图 2-10），是有名的画家村。传统开发模式中，农田或安置在城市周边而无任何整合关系，或以村庄为核心形成包围。在宋庄，这种关系被反转：开发与农田共同形成周边，不同的边缘使得城市肌理、开

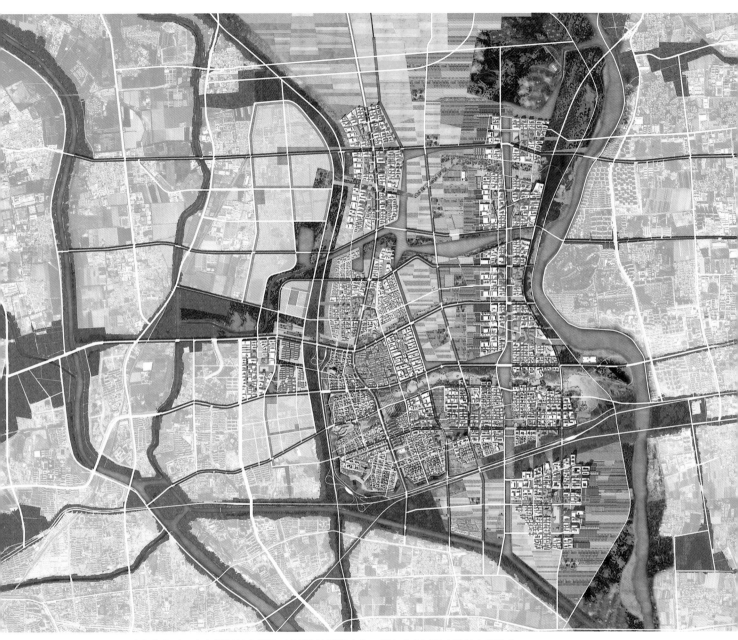

图 2-11 北京市通州区宋庄规划及功能图。该规划实现了农业、创意产业以及生活的有机融合。

放空间系统和农田得以整合与互动（图2-11）。

　　该规划强调利用不同边界状况的农田促进与城市构筑物的交流互动，通过自给自足和农产品研发形成新经济契机，最终达到提高整体居住生活质量的目的。规划的社会被组织成一系列的聚集区（图2-12），这些聚集区围绕着公共开放空间来组织人们的生活、工作和娱乐。系统之间通过细致规划的交通系统连接，包括步行以及自行车体系。该规划的另外一个重要部分是融合现有的宋庄艺术村和场地上的博物馆，艺术画廊，工作室和创新类住宅等文化资产。同样，现在村庄从事农业和其他工业操作者也会被纳入计划，居民安置在社区范围内，而不是将他们安置在偏远地区从而隔断了现有的社交网络。通过提供集群内的住房和培训机会达到不破坏现有社会网络的目的，正在慢慢融入新社区的居民可以选择继续以他们已有的技能在新的农业系统内谋生，或转变到到新产业中。项目的整体规划策略重新审视了农田在现代化过程中的价值（图2-13），思考了城市与农村的关联，平衡了开发和开放空间的关系，进而促进生活品质的提高与社区自身的可持续性（图2-14）。

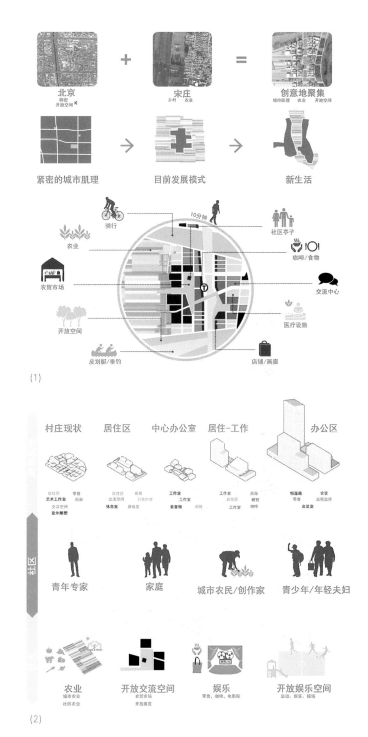

(1)

(2)

图2-12 北京市通州区宋庄内的生活方式定位。多样化的居住、工作以及休闲空间形成新型的生活方式。(1)(2)

生产系统

当前情形

吃　购物　运输　收获　农场

整体都市农业情形

吃

都市农业生产

当地农贸市场

产业-替代药物/研究

替代药物

研究

吃

烹饪艺术

都市农业

都市农田

当地市场

经济

宜居性

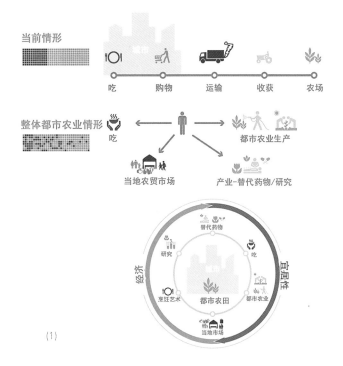

(1)

生产

温室/试验田

渔场

社区花园

果园

生物燃料

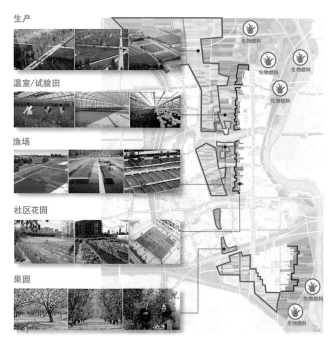

街道广场

社区花园

测试田地

果园

雨水花园

绿色屋顶

屋顶农田

垂直绿化

操场

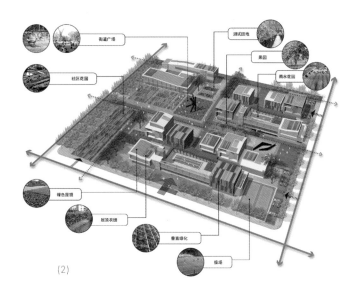

(2)

(4)

图 2-13 北京市通州区宋庄的田园生活。多元的生产景观与城市生活融为一体。(1) (2) (3) (4)

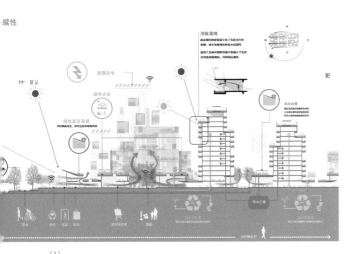

(1)

(2)

图 2—14 北京市通州区宋庄的生态设想。宋庄规划的可持续体系整合了各种各样的生态设计策略。(1) (2)

第四节
人居生态规划：在摸索中前行

　　同生态基础设施相比，生态城市与共生城市等则更强调以人居环境的构建为出发点，强调大生态的概念，认为只有适应经济、社会、自然协调发展的生态城市，才能保持下去，即强调了人的活动对于维持生态规划的重要性。清华大学曾于 1995 年成立人居环境研究中心，由中国科学院和中国工程院两院院士吴良镛教授担任主任，力图从社会、经济、文化和工程技术等各方面综合研究人与环境之间的相互关系，强调人类聚居作为一个整体研究对象的重要意义。理念上，这类规划思想均强调了"自然－经济－社会"三者的结合（马世骏，王如松，1984），强调城市中人居环境的构建，是"城市规划的生态化方向"（董珂，2008；杨保军，董珂，2008），而不是单单强调自然。同时城市生态规划的关键是要构建"人工复合生态系统"（王祥荣，2004），调控"人－资源－环境－社会－经济－发展"的各种生态关系（沈清基，2009）。这种生态规划以传统规划为依托，通过建立应用指标体系以及各种生态技术的运用及管理，来达到自然与人类的最大和谐。上海东滩生态城、辽宁黄柏峪生态城、中新天津生态城、河北曹妃甸生态城等都是这类规划理念的典型代表。生态城的规划方法除了对于建设区域的控制外，还强调生态技术的运用，如天津生态城的水循环系统、曹妃甸的淡水盐水分离规划，还可通过指标体系的建立以及通过产业、生活方式及社会组织模式来保障城市的生态化，例如崇明岛将生态农业与产业的结合。

生态城的概念由美国人理查德·瑞杰斯在1979年首创。2005年，中国有两个生态城高调拉开序幕，他们是上海东滩和辽宁黄柏峪，接踵而至的还有2008年的万庄生态城。虽然由于政策和资金原因它们最终都没有建成，但是留下了可贵的创意和数据。比如东滩生态城提出的大力倡导保护和发展农业，使之成为崇明岛主要经济引擎的想法。东滩项目试图通过将生态农业作为主导产业，实现经济发展和环境保护的结合，并使得岛内的生态得以持久延续，是解决生态保护与景观开发之间矛盾的一次有意义的尝试。

目前我国正在落地实施的生态城包括天津市中新生态城和河北省唐山市曹妃甸生态城。天津市中新天津生态城尝试在资源有限的条件下建设生态城市，其生态规划方法、土地利用模式、生态社区模式、绿色交通体系、能源资源利用值得借鉴。在各国开始生态城研究的背景下，中国和新加坡政府高层领导联合签署建设生态城的框架协议。根据"体现资源约束条件下建设生态城市"及"靠近中心城市"两条原则，选址在天津滨海新区建设中新天津生态城。该场地本身自然条件恶劣，三分之一为废弃盐田，三分之一是有污染的水面，三分之一是盐渍化荒地。

中新生态城的规划在生态城市的理念指导下，坚持以"保护"为核心的自然生态目标，以"宜人"为核心的社会生态目标，以"高效"为原则的经济生态目标，以"和谐"为核心的复合生态目标，力求最终建设一个可复制、可推广的生态新城。这个项目出台了有关产业选择、社会保障、

公共安全等一系列政策指引；编制了世界上第一套生态城市指标体系，作为城市规划建设的量化目标和基本依据，包括生态环境健康，社会和谐进步，经济蓬勃高效，区域协调融合四个方面的22条控制性指标和4条引导性指标。在空间布局方面采用"先底后图"的方式，依据生态适应性评价划定禁、限和可建区，确定"一岛三水六廊"的生态格局，并在此基础上，形成了"一轴三心四片"的城市空间布局结构；在生态技术方面也可圈可点，建立了"生态谷"模式（图2-15），提倡绿色通行、绿色能源利用、绿色建筑和生态（如湿地）（图2-16）保护和修复等措施。

作为第一个中国与国外合作开发建设的生态城市（图2-17），天津中新生态城具有很多方面的示范意义，其中最突出的亮点为选在一个资源约束的条件下建设生态城市，化劣势为优势。规划以生态修复和环境保护为目标，以指标体系为导引，从产业选择、绿色出行、生态循环水系统

图2-15 天津市中新生态城生态谷概念图。生态廊道串联城市建设的发展。

图 2-16 天津市中新生态城的湿地。
其内已有大量鸟类开始回归。

与可再生资源利用方面去落实生态，实现人与自然的和谐共存，但指标体系提出的目标可能会依据不足，在后期运作过程中存在不易落实的风险。

河北省曹妃甸生态城是中国另一个在建设运行中的生态城（图 2-18，图 2-19，图 2-20，图 2-21），它位于唐山南部，西邻天津，东接秦皇岛，由中国和瑞典两国共同进行生态规划和环境技术的合作。曹妃甸生态城的整体规划目标是按照共生城市的概念，引进瑞典城市不同层次可持续发展的概念和解决措施，为城市和市民提供一个无论从长期、中期和短期来看都具有生态性、社会

(1)

(2)

(3)

(4)

图 2-17 天津市中新生态城实景图。城市建设围绕着开放空间展开。(1) (2) (3) (4)

图 2-18 河北省唐山市曹妃甸生态城土地利用规划图。

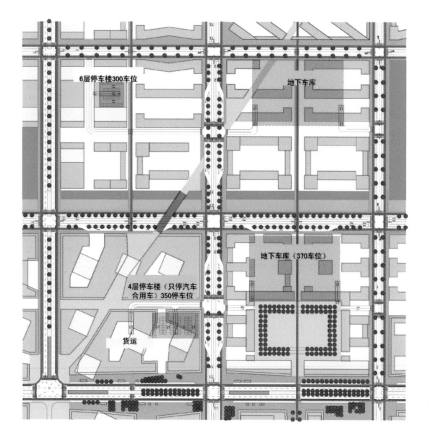

图 2-19 河北省唐山市曹妃甸生态城内典型的街坊交通设计。街坊内道路不多,限制车辆在街坊内的使用,每个街坊的停车需求在本街坊内得到满足。步行可以到达各个区域,宽敞的街道、舒适的人行道和短距离的交叉口为行人提供了安全保证和优先权。

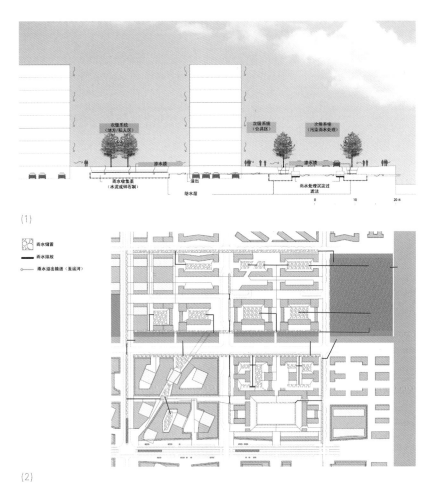

(1)

(2)

图 2-20 河北省唐山市曹妃甸街坊层面的雨水收集与排放系统。该系统充分利用了公共开放空间，力求雨水就地收集利用。(1)(2)

性和经济性效益的环境。基于共生城市理念提出的生态城市指标体系是曹妃甸生态城的一个重要特点，指标涵盖了环境和生态、社会经济、文化和空间等各个方面，主要的指标包括城市人口密度、混合功能、街区大小、垃圾回收利用率、雨水收集、本地非机动车出行率等（乌尔夫·兰哈根等，2009）。

曹妃甸生态城按照九个目标进行规划，其中比较有特色的目标包括宜居的城市，提出注重发展公共空间、半公共空间、半私密空间和私密空间上的平衡关系，人们可以体验各种不同种类的空间和活动。避免造成隔绝的"蛙跳式"开发，而采取连续的城市机理；交通便利的城市，强调行人优先于任何交通工具，街道被作为重要的公共空间进行设计，特别是将快速公交街道与雨洪管理的理念相结合（图 2-19，图 2-20）；气候中性的城市，可再生能源利用率达到 95% 以上，二氧化碳和其他温室气体零排放，不仅最低限度地

(1)

(2)

图 2-21 河北省唐山市曹妃甸生态城实景。(1)(2)

使用化石燃料,城市还将向其他地区出口绿色能源;节能的城市,利用污水和食品垃圾中的植物养分代替化学肥料,作为农业肥料。经过污水处理厂处理过的灰水也能用于农田的灌溉,每年储存的雨水总量比例要达到75%(图2-21)(谭英等,2009)。

生态城可以有三个层次,浅绿、绿色和深绿。浅绿,虽然也叫作生态城,但是它侧重公共绿色空间,绿色生态城不止关注外观,在规划初期就对环保系统的解决方案进行了周密的考虑。而深绿生态城则对生态方案有更系统的考虑,有完善

的指标体系。现在中国的生态城还有进一步发展的潜力,因为现阶段多数生态城还只是升级的地产项目而已,生态的做法只存在于概念之中,深绿型生态城还很少。探索一个社会、经济、生态三者平衡的解决方案需要一个漫长的过程,因为发展出一个城市生态技术体系相对很简单,但要发展一个指导人类行为的生态道德体系则需要长期的积累。

第五节
绿道规划设计: 以游憩为主导

中国对绿道概念的接触,最早始于1985年《世界建筑》对日本西川绿道项目的介绍。1992年《国外城市规划》第一次向国内较为系统地介绍了美国绿道,当时是作为工程实践来介绍,并未深入解释绿道的本质(马向明,程红宁,2013)。

事实上无论有无绿道的概念,中国自古就有类似于绿道的发展建设。周代(1100~770b.c.)就有沿护城河边栽植树木的法令,并且这一做法在乡村的水渠建设中也得到了应用(周年兴,俞孔坚等,2006)。自秦代开始(公元前221年),至明代正德年间(1518年),在川西古蜀道上先后开展了8次大规模的行道树种植与维护,形成了现今随着古栈道、驿道延伸,林木茂盛的林荫古道,即举世闻名的剑门蜀道"翠云廊",这是迄今为止世界上最古老、保存最完好的古代绿道(谭少华,赵万民,2006)。中国古代的绿道思想主要从防风固沙和防止水土流失等保护自然环境

的目标出发，注重线性景观单体，较少涉及现代绿道中的系统网络功能（胡剑双，戴菲，2010）。俞孔坚等（2006）总结了新中国成立后的"绿道"建设情况，包括道路、河流、农田"绿道"几种形式。例如，道路绿化是为了防风、保护路基、美化环境；河流绿化则是为了水土保持，防止洪涝灾害；农田绿化主要由防风林组成，用于保护农田和农作物。但这些"绿道"通常都仅限于植树造林的活动，由于防灾和美化的功能只体现在河道及道路两侧，将这两者归为线性绿化空间更为适宜（王璟，2012）。

中国现代绿道则主要是 20 世纪末引进国外的绿道思想产生的，现代绿道已经由中国古代为城市道路和区域道路提供绿化、保护重要的河流流域和欧洲的景观轴线等单一功能的线性绿地和开放空间，向具有游憩、休闲、审美等功能的公园系统转变（图 2-22）。1998 年，全国绿化委、林业部、交通部、铁道部共同下发《关于在全国范围内大力开展绿色通道工程建设的通知》。其内容已经初步接近了绿道的概念，例如提出乔灌草结合等，体现了建立生态群落的思想，但着重点依然是绿化美化工程。这些绿化、绿色通道工程跟绿道的主要区别表现在：有生态保护的意识，但很多地区并没有比较系统的生态理论指导。还停留在绿化的思维层面上。且由于"美化运动"等认识的误区，容易产生违反自然规律的做法，像把河流截弯取直、去乡土树种而大量引种外来植物等等，这些都跟绿道生态保护的出发点背道而驰。此外，很少考虑人的使用，更不用说利用绿道的连通性特点形成慢行系统，提供休闲游憩的场所，联系和保护历史文化遗产（王璟，2012）。

2004 年，诸暨市入口段绿化景观规划设计已经开始引入"绿道"的理念与思想，是国内单个建设项目中首次借鉴绿道理论。诸暨经济开发区入口段是连接杭金衢高速公路与诸暨市区的景观道路。全长约 2500m，道路沿线两侧为 40 ~ 60m 不等的绿化带，高速公路全都互通出入口处，将建设占地 25.19hm² 的绿地。该规划试图摆脱以美化环境为主的观念，意识到应

(1)

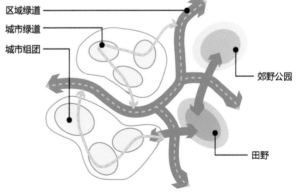

(2)

图 2-22 绿道概念图及效果图。绿道可以有不同的层次，串联不同的区域，成为公园系统的一部分。(1) (2)

该在以高速公路网为依托的线性空间中发挥生态廊道、连接功能，提供游憩空间。但在具体的规划方法上，尚未形成系统（胡剑双，戴妃，2010）。同年，浙江省提出绿道网络建设（徐文辉，2005），并编制完成了中国第一个省域绿道网规划（马向明，程红宁，2012）；2005 年开始，刘滨谊团队在上海市、江苏无锡市、新疆阿克苏市等城市开展了以绿道和绿道网络为核心的城市绿地系统规划（刘滨谊，2012）。

我国真正的绿道建设拉开序幕，在实践上引起广泛关注的是在珠三角的绿道建设（图 2-23）。在进行理论研究近二十年后，2009 年珠三角地区掀起了绿道建设的热潮。珠三角绿道由"绿廊 + 慢行道 + 配套设施"构成（方正兴，2011）按规划的区域由大到小分为：区域、城市、社区三个层次。按不同的区位和功能分为三类：生态型、郊野型、都市型。三种类型分别位于城市外围、城郊乡村及城区内。生态型以保护城市生态环境，让游人领略自然风光为目的。郊野型的功能是加强城乡生态联系、满足城市居民郊野休闲需求。都市型是为了改善城市环境，为居民提供休憩空间。每类绿道的功能和目标都涉及对城市生态环境、对人使用的关注，这相对于过去的绿化、美化运动有了长足的进步。珠三角绿道建设引起了强烈的社会反响，随后成都、武汉、福建、河北、山东、浙江等省市纷纷大规模开始规划建设绿道，绿道建设受到各级政府的重视，在多个省市成为未来建设的主要项目。

作为珠三角绿道建设的一部分，广东省广州市荔湾区绿道网络为当地市民提供了非常多

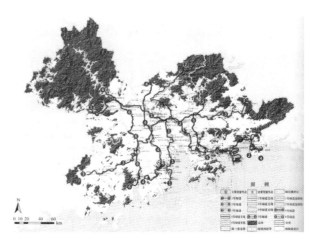

图 2-23 珠江三角洲绿道总体布局图。

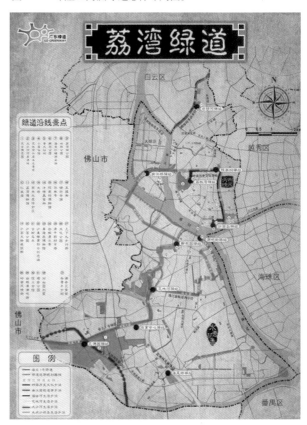

图 2-24 广东省广州市荔湾区绿道网络分布图。绿道在不同地段展示了不同的乡土风情。

(1)　　　　　　　　　　　　　　　　　　(2)

(3)　　　　　　　　　　　　　　　　　　(4)

(5)　　　　　　　　　　　　　　　　　　(6)

图 2-25 广东省广州市荔湾绿道实景。穿过不同土地利用类型的绿道采用了不同的设计方式,形成各异的用途。(1) (2) (3) (4) (5) (6)

(1)　　　　　　　　　　　　　　　　　　　(2)　　　　　　　　　　　　　　　　　　　(3)

图 2-26 广东省广州市荔湾绿道内的驿站。随所在区域的特色而变，休息驿站具有不同的风格与功能。(1) (2) (3)

样化的文化与生态体验路径（图 2-24）。该绿道总长度约 49km，投资 3800 万元。围绕荔湾区优越的景观生态环境与深厚的历史文化积淀，以"水秀花香"和"西关历史文化"两大主题，打造了包括区域绿道 1 号主线（荔湾段）和 6 条特色主题生活步径在内的"1+6"绿道网系统（图 2-25）。总体建设思路在于利用绿道设施对景观功能进行优化和提升。都市绿道被视作城市绿地系统的线型组成部分，是城市景观空间格局的带状廊道，通过绿道的连接，将不连续的、片段的景观空间有机整合，景观总体风貌提升。另外，以生态几何驿站为设计理念，体现新建与原有场地环境的融合、建筑与环境的融合，设计了十个风貌统一又各具特色的绿道驿站，提供休闲游赏、自行车租赁停放、配套商业、厕所和绿道管理等功能（图 2-26）。将自由、灵活、简洁、大气的新岭南艺术手法运用到园林景观的设计构思中，通过对空间组织、建筑外观、绿化景观、园林小品等的设计处理，以小见大，体现总体设计理念。生态节能技术应用，绿道路面、护栏等

设计选用碎石、透水砖、仿木、竹等可再生材料，经济节能环保。

整体而言，中国绿道建设具有明显的成就与问题。一方面绿道的建设在改善生态环境、提高居民生活品质方面起到了巨大作用，并为居民提供了集健身、游憩、娱乐于一体的绿色开敞空间（方正兴，2011）。同时绿道也有使用功能显得相对简单的问题。现有的区域级绿道更加注重绿道的游憩和经济功能，而比较少关注生态恢复功能，表现为对一些已经人工开发、但有具有重要的景观生态效应的地区进行的生态恢复考虑不足。绿道变成周边有绿化或者没有绿化的慢行游憩网络，类似于游步道系统，而不是建立在以土地与生态保护为基础的自然网络系统。绿道的建设整体有些偏于"道"，而不是"绿"。未来的绿道建设要将两者融合，使得绿道具备多种功能，而不仅仅是绿色慢行道体系。此外，不同尺度绿道之间的衔接也尚需进一步加强，同时在游憩功能的基础上，更加综合考虑绿道的通勤功能，形成全方位的绿道网络。

第六节
遗产廊道规划：人文再生尝试

大尺度规划如何定位文化遗产反映了一个国家的文明程度以及对待本国文化的态度。当代中国文化遗产的保护趋势是从单一要素的遗产保护转向文化要素与自然要素并举，从点和面的遗产保护转向重视大型文化遗产和线性文化遗产，从静态遗产转向重视动态遗产和活态遗产（俞孔坚等，2009）。遗产廊道规划恰好满足了这些发展的趋势。

遗产廊道的保护对象是那些具有重要历史文化资源价值的河流峡谷、运河、道路和铁路线等，也可以是通过适当的区域性景观规划，将单个遗产点串联起来形成具有一定文化意义的绿色通道。从内涵上讲，遗产廊道是绿道和文化遗产保护区域结合的产物，相对于绿道来说，遗产廊道把文化意义放到首位；相对于文化遗产保护区域来说，遗产廊道更强调线性的整体保护策略。国内目前遗产廊道规划的研究对象包括京杭大运河遗产廊道，丝绸之路遗产廊道，茶马古道遗产廊道等（王丽萍，2009）。

京杭大运河作为世界上最长、工程量最大的运河，已成功申报世界遗产。早在 2004 年，国家文物局就启动了由北京大学主持的"基于整体保护目的的京杭大运河遗产廊道研究"。到现在为止，围绕大运河的遗产廊道构建、生态与遗产保护、旅游开发等方面的理论与方法研究已经成为国内规划研究的一个重点（俞孔坚，2010）。遗产廊道是由自然系统、遗产系统与支持系统三个部分构成的，根据与运河发展的关系可以细分为与运河功能相关、历史相关和空间相关三种类型（图 2-27）（俞孔坚，2010）。通过历时三年

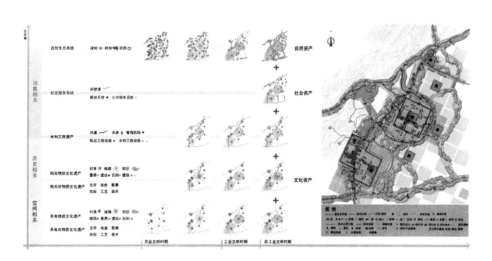

图 2-27 京杭大运河遗产廊道的构成（奚雪松供图）。该廊道是自然、社会以及文化价值的综合体。

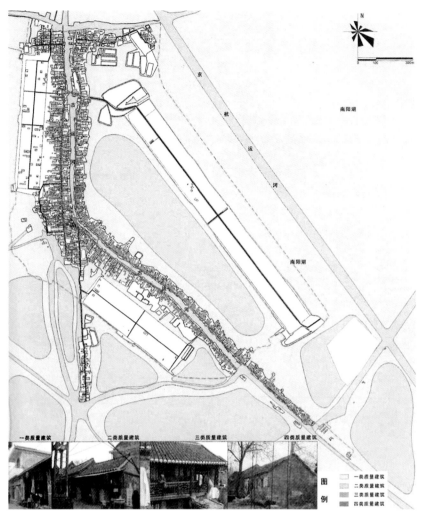

图 2-28 济宁市南阳镇建筑质量评估图（奚雪松供图）。这类研究是京杭大运河遗产廊道建设不可或缺的重要组成部分。

的实地考察，遗产廊道规划编制了京杭大运河沿线详尽的遗产清单，详细记录了各个遗产点始建年代、遗产类型、现状保护等级、目前保存状况等信息。之后，按照国际惯例以及国家自然保护区的规则方法，划定了京杭大运河遗产廊道由内到外的三个不同层次的保护范围，依次是核心保护范围，重点保护范围和外围协调区域，然后依

据生态安全格局理论，针对不同的保护范围制定了不同的规划导则：在核心保护范围应以遗产保护和生态恢复为主，控制无序的开发建设，在重点保护范围内，可以建立运河沿线物质文化遗产与非物质文化遗产的保护区，同时适度引入游憩项目，外围协调区可以为运河的保护和再利用提供区域的管理和协调。最后遗产廊道的规划从宏

(1)

(2)

图 2-29 北京市通州区运河公园实景。(1)(2)

(1)

(2)

图 2-30 江苏省苏州市运河公园实景。(1)(2)

(1)

(2)

图 2-31 江苏省扬州市运河公园实景（王华清摄）。(1)(2)

观落实到中观，针对典型的河段制定保护与利用导则。这部分研究是以案例研究的形式呈现的，主要研究了济宁、通州、宿迁和苏州等几个典型城市（图2-28）。

运河相关景观规划中最先实施的就是运河公园。目前京杭运河沿线建成了一系列的运河公园包括通州运河公园（图2-29）、苏州运河公园（图2-30）、无锡运河公园、扬州运河公园（图2-31）和民州运河公园等。虽然运河公园建设大都是地方政府的行为，与上述遗产廊道规划可能联系并不紧密，但也通过局部努力强化了京杭大运河作为遗产廊道的重要性。比如在通州运河公园设计中，设计师采用了尊重地方历史文化和生态环境的设计手法，在保护、发展通州运河区域原有的自然生态的同时，从古运河的景观元素中提取出现代的设计语言，并且把车行道路远离水岸、人行路引近邻水，力求展现一个现代的滨水景观环境，并为保留和延续运河的遗产和记忆做出示范。

总的来说，中国的遗产廊道规划研究与实践还比较薄弱，但是整体保护和保护文化的意识已经慢慢普及。2013年山东省牵头编制了《京杭大运河旅游总体规划》，这是配合大运河申遗所做的重要基础工作之一，提出了继承遗产、保护遗产、体验遗产和创新遗产的旅游开发理念，还提出了把运河文化作为一个整体对待的遗产廊道保护模式。日后的遗产廊道规划除了需要这样跨越地域的思路，还需要相关的政策保障，比如建立起一个统筹与协调的管理系统，如同国外的运河管理委员会一样，可以打破遗产廊道沿线不同区域各自为政、相互之间的连通性较差的弊病，从而进

行全局性的保护规划和系统性的研究管理，并且为后期讨论规划实施的具体方法提供必要的条件。此外，遗产廊道规划中也应该考虑公众参与的制度，这样整个规划才能更具根基，更具可行性。

第七节　小结

整体而言，景观规划在中国尚未自成体系，相关法规制度上的缺失使得类似实践众说纷纭，各种大尺度尝试分散在不同的学科以及实践项目中。但这也现了中国城市建设更综合复杂的现实特点，也直接表明景观作为一个研究整合自然与社会过程的载体，在中国城市生态化发展的进程中可以起到至关重要的作用。特别是进入21世纪以来，中国社会日益增加的生态关怀使得相关规划受到了广泛的重视，全国各地都在纷纷建设生态城市，截至2011年2月，中国278个地级以上城市提出"生态城市"建设目标的有230个。这当中大多数生态实践最多停留在"浅绿"层面，远未到"深绿"状态。随着"生态文明"、"新型城镇化"从2012年开启，"海绵城市"从2015年正式落地，大尺度规划决策在宏观体系以及功能上的架构将发挥日益重要的地位。而这种地位的提升可能会对景观规划提出更高的结果与过程上的要求与期盼。

用景观规划应对"多规合一"？"多规合一"的提出主要是应对中国不同部门利益协调不当，各自为政，争当龙头的局面。目前我国政府出台的规划类型有80余种，其中法定规划有二十余种。2014年开始的多规合一要求整合经济社会发展规

划、城乡规划、土地利用规划、生态环境保护规划，形成一张规划图。但整个过程中尚存在诸多争议，并未达成共识。值得一提的是，"生态红线"又在 2014 年成为国家法定保护的一部分。中国目前进行的多规合一试点工作常常存在"区划"与"规划"的混淆，"现状"与"未来"的模糊。如果中国的景观规划能够像德国的景观规划一样有法律支撑且自成体系，就有潜力成为中国多规合一的重要组成部分。德国的法定规划分为两方面内容：整体规划与景观规划，整体规划更面向人类与经济发展，景观规划更注重自然与可持续发展，其中景观规划的内容涵盖中国的"生态红线"，"耕地红线"，国家公园，城市绿地系统，自然保护区等诸多概念的内容。德国的景观规划是大景观的概念，但却有效整合了所有规划过程中与可持续相关的因素，在一定程度上能够为中国多规合一提供一个可能的途径。

进行多功能的景观系统评价与管理？系统的景观规划首先有赖于多功能景观的系统评价，在这方面可以借鉴国外的景观特征评价体系（Landscape Character Assessment）。景观是多内涵和多尺度的，是一个完整的体系。对这个体系的衡量首先应该是多重标准的，综合考虑景观特征、生物多样性、历史特征、环境质量和社会经济学因素。其次这个体系应该是跨尺度的，横跨国家、区域和本地尺度。不同尺度需要有不同的评价策略，比如在大尺度上，可以通过卫星遥感、航拍等提供基础数据，通过 GIS 和人工辅助划分景观特征作为规划的参考；在本地尺度上，则是更多地考虑人的活动，在规划中体现观感、

体感等主观的、难以量化的因素，通过田野调查来搜集基础数据。同时本地尺度上还应考虑与国家和区域尺度的联系。多功能景观系统评价与管理能够协调目前不同部门各自为政的状态，比如风景名胜建设只注重风景资源的保护与利用，耕地保护只严格限制基本农田的数量，以及生态保护集中在自然敏感地区等。同时多功能景观评价能够为地方发展规划决策提供必要的区域背景知识，避免"一叶障目不见泰山"。多功能景观分类及评价是景观规划以及可持续发展规划的基本科学本底。

强调新旧城市发展之间的联系？以快速城市化为背景，中国目前大多景观规划，尤其是生态规划的着眼点都是新城。甚至有些人认为已建成区域没有空间以及余地做生态规划设计。新建的生态城市固然具有典范作用，但老城区的生态化改造也应该得到全方位的重视。新与旧之间不是生态与非生态的分界线，而只是生态链上不同的组成部分。法国西部港口南特市上世纪 80 年代还是个工业污染严重的区域，而现在已经完成了绿色转型，每隔 300m 有一个绿色游憩区域，60% 的面积为农业用地或自然绿地。中国传统工业的消减以及产业定位的演替为这些改变提供了很好的空间与机会，规划设计应该探索新的方法更好地从局域空间尺度缝合新与旧的各项差异，更加完美地将传统城市融入城市整体的生态安全格局之中。

进行生态规划的量化？大尺度规划中的生态部分不能仅仅停留在几张生态分析图，技术意向图，抑或是指定哪些地区宜开发，哪些地区宜保

护。跨学科的概念和方法可以进一步将生态规划量化。在这方面我国已经制订了生态功能区划暂行规定，生态规划的量化是有规范可依的。再如生态学中常见的生态敏感性分析理论和生态系统健康评价理论就很适合落到空间规划上。大尺度规划不仅仅是在形式上构建景观格局，更重要的是强化功能上的连续和对生态功能的保护，这种功能和生态的定位应该是科学的、明确的、可定量的。中国如今存在许多城市建设目标，"生态城市"、"花园城市"、"山水城市"、"绿色城市"、"低碳城市"等，但概念的多元与模糊并不能意味着结果与功能上的混乱。未来的景观规划要从区域上以及科学研究的角度明确景观网络的功能，界定景观格局作为生态基础设施一部分的重要作用，明确防旱涝，增强生物多样性、低碳、循环改善人类环境质量、增进人类身心健康等具体功能的空间体现，清晰架构那些需要保护的生态基础设施，以更好地实现城市经济社会发展与生态环境建设的协调统一。

中国依然面临巨大的发展压力、环境压力以及人口压力，刚刚起步的与当代中国景观相关的大尺度规划在吸收和累积以往过程中相关经验之基础上，会循序渐进地前行，摸索属于中国的可持续发展路程。

第三章
居住景观

　　谈起中国特色的居住景观，有人会想到"庭院深深深几许"的传统四合院，有人会忆起"竹溪村路板桥斜"的田园草房，有人会联想到江南名园的纤秀抑或岭南园林的自在与轻盈。事实上，伴随着城市化的发展大潮，当代中国的居住景观既抛弃了低矮的木架构四合院，也远离了农耕田园的村庄，亦不囿于传统住所中的私家园林，而是主要集中于城市现代化钢筋混凝土社区的建设上。

第一节
基本背景

历史遗留的房产真空

新中国成立至改革开放前夕（1949～1978）可谓是中国房地产业的真空时期，甚至到改革开放初期阶段，中国城镇居民住房依旧严重紧缺。在当时所有资产完全公有的社会背景下，中国只有建筑行业，没有房地产市场，景观更无从谈起。当时的土地制度是"行政划拨、无偿、无限期、无流动"，而住房制度则是"国家统包住房投资建设，以实物形式向职工分配并近乎无偿使用的福利性住房制度（柴强，2008）。"这是一个完全以建筑为主导的发展时期，居住区的户外环境建设仅仅是用绿植见缝插针地填补剩余空间，所谓的居住区景观虽只简单地在建筑及道路以外的空地上栽种几棵树木、铺上几块草皮、在住宅群中央设一个小区中心绿地等，但却也简单实用地提升了当时的居住质量。

当时居住区的整体布局上广泛采用邻里单位、苏联街坊式等。苏联式住区大多采用3～4层的居住单元，以"街坊"为主要布局模式，住宅沿街道环形排布，从而在"街坊"中围合出一个内部庭院，庭院内通常设有日常服务和幼托等设施。单位大院是中国在这一时期发展出的一种独特的住区形式。随着社会主义计划经济和单位体制的建立，在"有利生产、方便生活、节约用地、少占农田"的规划建设原则的指导下，参考苏联街坊和地域生产综合体的建设经验，兴建了大批单位大院型综合居住区，生活区与生产工作区就近配套建设（杜春兰，柴彦威等，2012）。其中，如图3-1和图3-2所示，建于1953年的北京百万庄住宅区苏联街坊特色明显，是这一时期的代表作。该住区作为当时一、二、三机部的机关宿舍，占地21.09hm²，采用典型的欧洲院落式布局，中心设有约2hm²的公共绿地。居住单元全部为两或三层的低层建筑，拥有统一的红砖墙、坡屋顶特色，可容纳1500多户家庭。

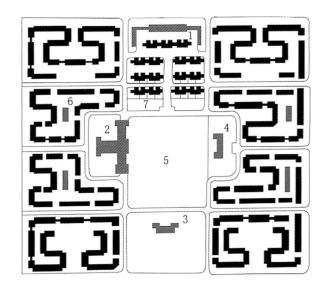

图3-1 北京市百万庄小区规划平面图。小区沿用苏联居住区规划模式，采用封闭的周边式布置，街坊内以住宅为主，强调对称和"周边式"，这种组合形式的院落为居民提供了一个安静的居住环境。
1- 办公楼；2- 商场；3- 小学；4- 托幼；
5- 集中绿地；6- 锅炉房；7- 联立式住宅

(1)　　　　(2)

(3)　　　　(4)

图 3-2　北京市百万庄小区整体环境（常婷摄）。小区环境设计以建筑周边"种绿"为主，高大的树木和低矮的灌木是主旋律。小区内参天大树随处可见，郁郁森森，搭配红砖墙、灰石板、木屋架，饱含历史韵味。只是高高低低的栏杆阻止了人与自然的亲密接触，一些原有规划的绿地也被作为停车场或者被其他设施占用，使得整个小区绿化景观单一，供居民活动的功能性场所和设施捉襟见肘。
(1) (2) (3) (4)

(1)

(2)

史无前例的发展速度

如果说中国始于 1978 年的改革开放为房地产这匹马解脱了缰绳，那于 1998 年 6 月 15 日召开的全国房改工作会议则成为促其飞奔的长鞭。这次会议宣布，从 1998 年下半年起，停止住房实物分配，实行住房分配货币化，新建住房原则上只售不租。公有制下的住房分配自此淡出了中国的历史舞台。

1978 ~ 1998 年，中国房地产经历了初步发展时期，随着改革开放的推进，中国人民逐渐认识到土地和房屋不仅是资源和产品，更是资产和商品，房地产的价值逐渐显化，房地产市场也初步形成。相应地，国家也出台了一系列的政策并主导了部分科研课题，力图提升中国居住环境的整体水平。1986 年在全国各地开展的"全国住宅建设试点小区工程"使我国住宅建设取得了前所未有的跨越发展。第一批城市住宅试点小区包括

(3)   (4)

图 3-3 济南燕子山住宅小区实景(王润滋摄)。建于 20 世纪 80 年代的济南燕子山住宅小区作为国家经委"七五"期间重点技术开发项目，由济南市规划设计研究院设计完成。被建设部选定为"住宅技术开发实验小区"。该小区是对新型院落式邻里空间的探索，户外空间的设计提供了更多人际交往的场所，半私有空间可以设置桌椅、棚架，集中绿地形成了完全开放的公共活动空间，中心地区舒展、平缓、层次丰富，动静相宜。(1)(2)(3)(4)

天津的川府新村居住区、济南的燕子山居住区（图3-3）以及无锡的沁园居住区。这些试点小区均规模较大，有利于整体居住环境和完善的配套设施形成。规划设计理念方面，主张与周边环境结合，将建筑景观、道路及广场、绿化配置、竖向设计、照明以及环境设施小品等全部纳入住区环境的整体设计之中，从而形成整体、科学、合理的多样化布局和景观特色。1995年开展的"2000年小康住宅科技产业工程"，是我国居住区规划和建设设计水平又一次大跨步前进的标志，更贴近百姓的生活，但也有向奢华发展之势，且落实度较差。这一时期的特色是强调"以人为核心"，将人的居住生活行为规律作为住宅小区规划设计的指导原则，把居民对居住环境、居住类型和物业管理三方面的需求作为重点，贯彻到小区规划设计的整体过程。在这样的规划建设理念下编制的《小康住宅居住小区规划设计导则》成为指导小区规划设计的重要文件。这一时期开发的小区景观特色和居住环境水平都得到了显著提高，如被评为国家科技部、建设部2000年小康住宅示范小区的上海市浦东锦华小区、重庆市龙湖花园和北京望京西园四区（图3-4）。

(1)

(2)

(3)

(4)

图3-4 望京西园四区实景（王润滋摄）。被国家科技部、建设部评为2000年小康住宅示范小区的望京西园四区，位于北京市朝阳区望京。小区总建筑面积860hm²，绿化用地258hm²，是一片全高层建筑、大绿化空间、设施配套齐全的现代化居民住宅区。(1)(2)(3)(4)

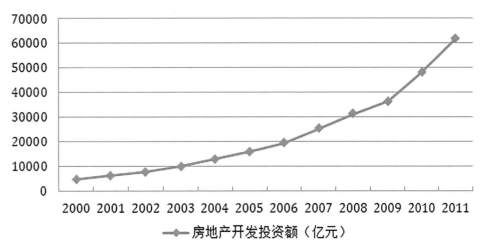

图 3-5 2000 ~ 2011 年房地产开发投资金额变化图（图片来源：根据《中国统计年鉴》绘制）。

图 3-6 2000 ~ 2011 年商品房屋销售均价变化图（图片来源：根据《中国统计年鉴》绘制）。

从 1998 年开始，中国真正进入了商品住宅时代。居住区以火箭速度迅猛发展，房地产业在 2003 年就被国家界定为拉动我国经济发展的支柱产业之一。如图 3-5 和图 3-6 所示，中国房地产投资额在 2000 ~ 2011 年的 11 年间翻了近 10 倍，平均售价也增长了一倍，其中许多大中城市的房价甚至增长了十余倍。随着人们生活物质水平的提升，对于住房的要求也日益提高，居住区设计逐渐呈现出多样化发展的局面，商品住宅不断革新，大走"高端"路线。在这一时期，居住区景观的规划设计在形式、风格和开发模式上都取得了较大的突破。

某居住社区内的小广场。这里场所平整、开阔，又有座椅，适合幼儿学步以及家长们交流，是家长带幼儿活动的聚集地。

某居住社区内的蜿蜒小径。这里是大家喜闻乐见的散步、竞走以及跑步场所，中国人喜欢饭后散步的传统得到极大的满足。

某居住社区内的游乐设施。这里是儿童的乐园。

图 3-7 当代居住社区内的休闲空间。多样化的景观设置为居民在家门口提供了丰富的休闲活动空间。

高密度的封闭社区

尽管住区规划设计理念不断变革，但封闭式社区一直是当代中国居住区建设的首选模式。这或许可以被理解为是对自古就有的里坊、合院，乃至新中国成立后出现的苏联小区的一种心理和物质层面的延续。虽然有些大城市中也涌现了个别开放式社区——如北京的建外SOHO，没有围墙，是一个由20栋塔楼、4栋别墅和16条小街组成的集办公、居住、商业于一体的混合型场所——但绝大多数的中国居住区都是设有围墙、自我独立的社区，居住单元通常为高层建筑，且居住人口密度大。值得说明的是，我国与西方国家，尤其是与美国住宅的主要不同之处在于，别墅在中国并非主要的住宅类型。国土资源部于2006年5月30日下发的《关于当前进一步从严土地管理的紧急通知》中明确要求，一律停止别墅类房地产开发项目土地供应和办理相关用地手续。别墅在中国是被划定为土地资源浪费型住宅开发模式的。

第二节
整体景观环境：日益满足需求

当代中国住房商品化极大地改善了中国人的整体居住环境，人居住宅面积明显增加，内外部配套设施也更加完备。回顾20世纪60～70年代的特殊时期，全国整体建设状况基本处于停滞状态，城镇住房严重紧张；1978年，城镇人均住宅面积仅为6.7平方米，缺房户869万户，占当时城镇总户数的47.5%。而随着改革开放的推进，中国城镇人均住房面积已经达到 2002 年的 24.5 平方米，这一指标更是于 2008 年和 2011 年先后提升至 28.3 平方米和 32.7 平方米。

与此同时，居住区的景观质量也得到了实质性提升。首先是居住区内部的绿地率得到法规上的明确。1982 年颁发的《城市园林绿化管理暂行条例》第一次明确规定"城市新建的绿化用地，应不低于总用地面积的 30%；旧城改建区的绿化用地，应不低于总用地面积的 25%"，大大强化并保证了居民室外活动空间以及居住区景观的多样性。这一规定一直被沿用并写入《城市居住区规划设计规范 GB 50180—93（1994 年版以及 2002 版）》。同时，在绿地内容的丰富度方面，针对居住区公园、小游园和组团绿地三种中心绿地类型规定了多种设置内容，如花木草坪、花坛水面、凉亭雕塑、老幼设施等。整体而言，该规定有效地促进了居住区整体居住景观环境的大幅改善（图 3-7）。

第三节
居住景观特色：明显个体化

住房市场化之后，居住区景观与住宅很快就成为一种"捆绑式消费"，形成"卖房也是卖景观"之势，这也进一步促进了居住区规划理念的更新和园林景观建设的发展。在此趋势下形成的居住区景观具有明显的消费主义色彩以及个体化特色，即为了满足大众的个性化消费需求，居住景观也强调各自特色。

(2)

(1)

(3)

图 3-8 极简主义。广东省广州时代玫瑰园位于白云区黄边北路，总占地 7hm²，建筑面积为 20hm²，容积率 1.53。该居住区景观采用极简主义的设计手法，讲究造型的比例与适度、强调外观的明快与简洁。(1) (2) (3)

(1)

(1)

(2)

(2)

(3)

(3)

图 3-9 地中海风情。上海市龙湖·好望山（常婷摄）位于上海松江人民北路，总占地 9.3hm²，建筑面积为 22hm²，容积率 1.6。"好望山"为地中海风情。将托斯卡纳纯美的自然风光、生活方式、甚至是空间尺度都复刻到这里，共同打造一种隐于森林溪谷的生活氛围，力图呈现出"智者乐山、仁者乐水"的悠然生活境界。(1) (2) (3)

图 3-10 泰式风格。辽宁省沈阳市万科·金域蓝湾总占地 22.6hm²，建筑面积为 60hm²，容积率 2.5。设计师引入融东方审美情趣和浓厚异域风情于一体的泰式园林景观，以充满佛教色彩的雕塑、小品、图腾柱为点缀，东南亚特色亭廊为户外环境的主要内容。(1) (2) (3)

(1)

(2)

图 3-11 欧陆艺术特征。北京市中海雅园位于北京海淀紫竹桥西，总占地 6.25hm²，建筑面积为 18.8hm²，容积率 3.08。小区设计为欧陆艺术风格，延续了典雅的气息。(1)(2)

(1)

(2)

图 3-12 新古典主义。上海市星河湾小区位于上海市闵行区颛桥板块，总占地 /1.4hm²，建筑面积为 65.3hm²，容积率 1.4。星河湾设计定位为新古典主义，建筑立面设计采用丰富的虚实对比、柔和的色彩系列、精心的材料搭配、考究的比例尺度以及细腻的装饰点缀。(1)(2)

纵观中国历史，当代中国社会可谓是个体化价值观最为盛行的阶段。改革开放后，西方个人主义思潮迅速为中国人所普遍接受，大众开始纷纷摆脱集体化的束缚，找寻自我的"个性"。这种个性可以被理解为一种自我中心主义（阎云翔，2007）。这种个性化使人们对于美好生活产生了新的理解，然而，这种新的个体化价值观在为人们带来希望的同时，也因其利己主义的一面而令人担忧。

个体化居住区景观最为典型表现就是"世界风情"。或是为了快速回笼资金，或是为了景观溢价效应，开发商在追逐高利润回报的征程上开始纷纷在住宅产品的风格上下功夫，试图以标新立异的方式吸引客源市场。住宅产品越来越多元化，"欧陆风情"、"美国小镇"、"东南亚风情"等世界各地风格也争相涌现。这些所谓的"风情"大多仅仅利用一些异域的元素或符号，满足中国人对国外生活的向往心理，从而成为地产的宣传

(1)

(2)

图 3- 13 西班牙风格。广东省东莞万科·松山湖总占地 13.3hm²，建筑面积为 7.7 hm²，容积率 0.58。通过建筑用材上石材、涂料、筒瓦的搭配使用以及景观上的草坪、水面等，再现西班牙风格。(1) (2)

喙头。而这些"世界风情"也成为外国设计企业在中国的重要成就之一——在很多中国项目中，这些外国设计企业仅仅是在复制他们在别国的已有作品而已（图 3-8 ~ 图 3-13）。

近几年，崇尚异国文化的热度过去后，人们开始审视我国的传统文化，"新中式"景观便在这样的背景下不断得到发展。"新中式"景观是现代生活与中国传统文化邂逅、碰撞的结晶，将中国传统的造景用现代的手法重新演绎，诠释出一种文化的回归与自省，具体表现为新京派、新江南、新汉唐、新巴渝、新民族等多种风格。国内已有较多的优秀案例，如南方的杭州古典园林

图 3-14 浙江省杭州市欣盛·东方福邸的中心景观。湖光山色之间，人们可以自得休憩。

(1)

(2)

(3)

(4)

(5)

图 3-15 浙江省杭州市欣盛·东方福邸的景观细节。叠石、亭台以及小径等体现了对中国古典园林的现代诠释。(1) (2) (3) (4) (5)

的现代演绎——欣盛·东方福邸和吸纳北方园林特色的运河岸上的院子。

欣盛·东方福邸（图3-14，图3-15）充分展示了杭州现代自然山水园林所富含的诗情画意。设计师以现代手法重新演绎杭州本土化的造园理念，清新的空气、和煦的阳光、灵动的溪水、森林般的绿化，打造出全新的杭州现代山水。起伏环绕的山系加强了园林的幽深感，丰富的种植搭配，尽显自然雅致的生活品味，优美的湖光山色，让置身其中的访客可以细细品味悠然自得的情趣。

北京泰禾运河岸上的院子借鉴中国古典文化的精髓，打造出兼具诗意与实用功能的新中式经典，其景观规划思路是：由静街、深巷、馨院、花溪、山水园一起形成的新中式景观体系。在现代生活中重新引入传统文化的底蕴（图3-16）。

(1)

(2)

(3)

图3-16：北京泰禾运河岸上的院子内的景观古韵。该居住区内的现代休闲空间与传统文化融为一体的，戏台、茶韵、琴音……重回居民的生活。(1) (2) (3)

(1)

(2)

(3)

(4)

图 3-17 北京泰禾运河岸上的院子的景观空间。该处居住景观简洁、大气却又在荷香、竹影、水榭亭台间回归传统，是传统园林的现代诠释。(1)(2)(3)(4)

该项目的建筑设计风格延续了北京的地域文化，在保有中国传统内涵的基础上多元化发展吸纳东方建筑精髓，强调庭院的感觉，室外室内空间亲近又不留痕，凹庭院、内庭院的设置如同阴阳接榫，巧妙而熨帖。在景观的设计上沿用建筑设计的空间理念，将几条主次道路着重在空间组织上进行重新规划，高墙大院一方面加强了独栋别墅的私密性，另一方面提升了整个建筑从入口到建筑及庭院的整体品质感和尊贵感（图 3-17）。

经济效益为导向的景观个体化

当代中国居住区景观个体化的另外一个表象就是不同层次居住区内的景观差异化。这种差异化趋势从改革开放伊始便开始抬头，住房商品化后尤甚，完全打破了建国初期中国以单位为主的居住形态下社会各个阶层共享同样景观主体的融合状态。景观品质和特色直接指向居住者经济承受能力，越高档的小区，景观的投入越大、越精致细腻。而经济适用房、廉租房等保障房的户外景观处理方式则较为简单，仍以树木种植和地面绿化为主。与此同时，景观为房地产带来的经济价值也日益凸显。大多开发商认为，高档小区的购买对象通常为社会中的高收入人群，而居住区中的景观对他们的吸引力是其购买的决定性因素之一，所以较之普通居住区而言，高档小区中景观的溢价效益会体现得更加明显，因而开发商通常会对高档小区的景观进行精心投入——很难说以身份财富地位为导向的景观差异与个体化是当代中国之成就，还是中国之殇。

因此，居住区景观的代表之作也大多集中

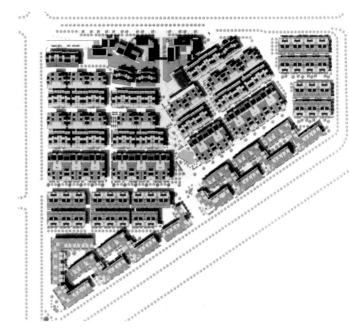

图 3-18 深圳市万科第五园总平面图。规整的低密度住宅分布在新中式景观中。

在高档小区中。万科·第五园就是其中一个中低密度的住宅开发项目案例。该小区位于深圳市北部坂雪岗片区，建于 2005 年，总占地面积 44 hm²，总建筑面积 25 hm²。第五园（总平面图，图 3-18）采用"新中式"的景观风格，既表现出了传统的古典雅韵，又体现出了后现代主义的简练。这种设计打破了中国传统风格中的沉稳有余而活泼不足的状况，为中国传统园林艺术在现代景观中的塑造提供了一个范例。

第五园的设计特色体现为传统造园手法的新应用。设计采用框景、借景等中国古典园林的造园手法，运用现代的景观元素来营造丰富多变的景观空间，营造步移景异、小中见大的景观效果。例如，第五园中运用现代简洁的景墙窗框（图3-19），为人们提供了一种广阔水景和建筑形成

(1)

(2)

图 3—19 深圳市万科第五园整体景观环境。水景与建筑融为一体，景观空间丰富多变。(1) (2)

图 3-20 深圳市万科第五园建筑与水连接处。菖蒲、水葱以及挑台衔接了建筑与水面，增添了空间层次。

图 3-21 深圳市万科第五园建筑周边植物。零星的竹子和笔直的路径设计给予人简洁清爽的现代设计感。

的富有层次的空间视觉体验。

"新中式"设计主要选用能代表华夏文明的几种色彩，即设计者所谓的"国色"。比如以长城灰、木原色为铺装色，用黑色做花池，白色饰墙面等。简洁的外观和色彩营造出了幽远的意境（图 3-19）；植物则以绿色为基调，杜绝大量的彩色叶植物的应用，营造出典型的江南水乡所具有的那种宁静、纯洁、清新的景观氛围。

为了进一步营造中国传统文化的意境，设计往往采用传统符号的抽象或简化表达，运用多种形式，如与活动设施、雕塑小品、灯饰等构造的结合，以此体现中国传统文化的内涵。例如，第五园在入口水池中，运用陶渊明的《饮酒》诗主题雕塑来增强中式园林的韵味。

植物空间的营造相较于传统园林的植物造景更为简洁明朗。以自然生长和修剪整齐的植物相互搭配种植，一般采用乔木层＋地被层＋草坪，或大灌木＋草坪的种植形式，植被品种也较为精少，给人以简洁、清爽的现代设计感（图 3-21）。例如，在水系与建筑的连接处，用菖蒲、水葱等来软化建筑与水面生硬的交接关系，丰富水系的倒影，增添空间层次（图 3-20）。

万科第五园的"新中式"景观是一种新鲜的尝试，其色调较冷，更适用于湿热的南方地区。

香山 81 号院住宅区别墅项目位于北京香山脚下，是一个占地 2.7hm² 、由 40 栋联排别墅组成的复合体。81 号院中用于景观的场地很小，不过两公顷左右，而且核心空地仅有 2000m² ，其余多为建筑空隙的边角空间（图 3-22），可供设计师发挥的空间着实有限，但设计师却巧妙地运用

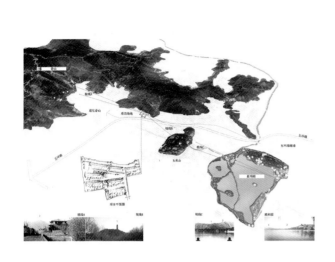

图 3-22 北京香山 81 号院的区位图。该居住区位于北京市著名景区香山的脚下，是山居的理想场所。

图 3-24 北京香山 81 号院内的景观步道。石材和台阶的运用简洁明了地凸显山居特色。

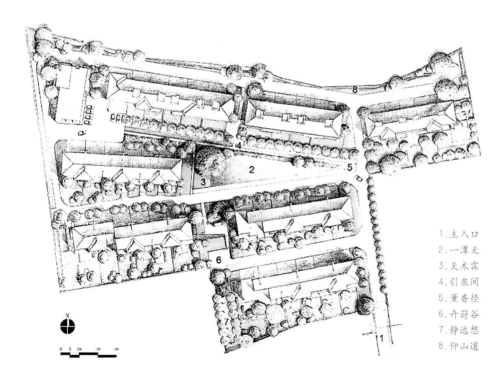

1.主入口
2.一潭天
3.天木霖
4.引泉间
5.薰香径
6.卉葑谷
7.静远想
8.仰山道

图 3-23 北京香山 81 号院总平面图。用于景观的空间很小，属于建筑间的缝隙之地。

图 3–25 北京香山 81 号院内的通道。竹林和石砌挡土墙界定出该居住区内的通道，形式简单却又视觉多样。

中国传统的山居文化，并以现代的方式对之加以表达（图3-23）。

该别墅区内无论是交通性道路还是景观步道都非常简洁通达，其中景观步道顺应地势起伏变化（图3-24），或以陡坡形式或辅以几级台阶，高低错落，视线时收时阔，石、木、草的材质充满自然气息，色彩丰富而不跳跃，十分和谐；同时用竹林和石砌挡土墙划分出便捷通道（图3-25），独行可以沉思，伴行可以畅谈，增加道路的多样性和可选择性。此外运用借景手法，创造视觉通廊，将远处的山丘以及玉泉山顶的古塔从视觉上纳入到居住区景观中，增强了空间的进深感，也吸引人们进入竹林，亲近自然。

香山81号院不仅外部环境设计考究，内部细节也处理的非常细腻。水体景观的设计，充分结合中国传统园林中的理水技法，如沿着景观步道空间设有一个与步道基本平行的带状溢流池，池内的水自西向东而流，寓静于动，将水的动静态表现得淋漓尽致，营造出一种安静祥和的氛围，周边植物倒映在水面上，影影绰绰，或凝固或轻轻摇曳，充满诗情画意（图3-26）。

植物配置手法简洁而别具一格，整体遵循返朴归真的原则，通过选用当地常见的乡土植物围合空间，并结合景观需要，在关键节点特植古树。例如，白色景墙右侧栽植的松树，于晴日里，影映在白墙上，仿若一幅古香古色的水墨画，意境幽远。地面铺装亦颇费心思，来自北京山区的毛石质感厚重拙朴，配以枫叶和鹅卵石结合的纹案（图3-27），自然的元素和形态平添了几分动感。

图3-26 北京香山81号院内的溢流池。景观步道及溢流池相得益彰，居民可以在行走中亲近自然。

图3-27 北京香山81号院内的景观细节。"秋枫匝地"的道路细节会让人忆起周边的香山红叶。

第四节
特色居住景观：尝试初步探索

最小干预

中国很多居住区规划设计可以说是从一张白纸上开始，抹掉场地的原始印记，花大力气将之打造为人工化、精致化的设计。与此同时，也有许多设计师开始关注更"少"的设计，试图营造出对场地干预更小、更生态，与脚下的土地更契合的居住环境。

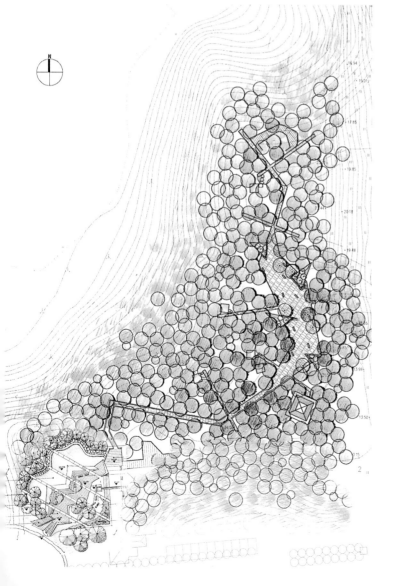

广东省中山市山体公园景观是一次原生态景观实践在居住区应用中的尝试。项目位于中山市城郊，总占地面积约 24hm²。场地内原有 150 米见方、约 20 米高的山丘一座，水塘若干，古井一口，以及成片的杂木林、竹丛等。经现场勘察，设计师建议对场地内这些有价值的生态与人文元素进行保留，通过增加部分建筑的层数来对损失的建筑面积进行补偿。在尊重场地的理念下，设计师提出了"将山丘改造为山体公园，将有山体公园的居住区作为楼盘"的创意构思（图 3-28），并将山体公园取名为"三十六度半"，意为人的正常体温，更加凸显出设计师以人的轻松舒适为本的人居环境建设理念。项目将人工干预降至最低，保留了山体的自然形态，引入当地乡土植物以彰显出丰富多样、生机勃勃的"野草之美"，让人们重新审视、发现和感悟"乡土魅力"。

山体公园主要包括登山入口广场、登山游览路径、游览区间节点三大区块，在不破坏山丘与植被的完整性的基础上，采用现代景观的构图模式，依照山势"嵌入"广场、登山路径、观景台（图 3-29、图 3-30）、休息亭（图 3-31）等元素，令新增的景观元素与其所处的自然山体完美契合，这种"镶嵌"式的景观更加突显出现代技术的简约和包容之美。

设计师对场地内自然景观元素的保留，其实是一种"少即是多"的设计理念。这种方式不仅能够使人们重新审视和欣赏日常生活中的

图 3-28 广东省中山市山体公园总平面图。该处景观被设计得完全隐于林中。

图 3-29 广东省中山市山体公园内观景平台。这里是眺望的最佳场所。

图 3-30 广东省中山市山体公园内的三角小平台。该平台实现对自然保护的同时营造了林间漫步的氛围。

图 3-31 广东省中山市山体公园内的休息凉亭。该凉亭底部架空，隐于林中，体现了对场地生态系统地尊重。

图 3-32 云南省昆明市世博生态园的坡地造景。利用原有地形差，以最小的人工干预形成层次分明的坡地景观，丰富了景观空间。

图 3-33 云南省昆明市世博生态园的景观细节。叠水不仅形成了视觉上的美感，还营造了一种声景环境。叠石与植物在材质上形成软硬结合，在色彩上形成冷热呼应，树木与灌丛形成高低层次感。

图 3-34 云南省昆明市世博生态园的雨水花园。雨水花园是一种生态可持续的雨洪控制与雨水利用设施，观景台的介入为人们提供了亲近自然的机会。

"野草之美"、"乡土之美"，最大限度地实现了对场地生态系统的尊重，而且嵌入式布局的活动设计（例如，以现代的方式插入步道、观景台、休息亭等必需元素）促进了其所处的自然基底与现代设计语言的对话，这往往赋予居住环境更加独特的魅力。

云南省昆明市世博生态园是另外一个从概念规划到方案实施都积极减少环境干预的居住区。该项目采用美国密集式社区规划（虽然在中国绝对算得上是极其低密度的居住区建设），保护了大量的现存森林，充分利用已有自然坡地造景，巧妙运用当地植物，整合地区水域，创造出集自然、休闲、娱乐为一体的独特生态小区（图3-32，图3-33，图3-34）。

图3-35 北京市"胡同泡泡"鸟瞰。现代化设计的"泡泡"零星点缀在传统四合院群中。

(1)

(2)

(3)

图3-36 北京胡同"32号泡泡"室内外实景。泡泡以其独特的造型与材质融合了古与今，内与外。(1)(2)(3)

历史激活

中国城市走过漫长的发展历程，但那些承载了往昔时代不可复制记忆的工厂、大院、房舍，在城市开发中却常常不被重视。在大拆大建的浪潮后，一些设计师开始冷静地思索遗址的改造留存问题。他们意识到，巧妙利用场地原生的"旧"元素作为主题，不仅可以保留历史的印记，还可以挖掘出多重"新"的意义。MAD 设计的胡同泡泡（图 3-35，图 3-36）和万科开发的水晶城居住小区就是勇于在这方面探索的实践代表。

在城市开发逐步逼近北京传统的城市肌理的背景下，陈旧的建筑，混乱的搭建，邻里关系的变迁，必要卫生设施的缺乏等诸多城市问题接连出现，如何处理这些问题成为胡同设计首当其冲要面临的挑战。在胡同泡泡的设计中，摒弃了以往大尺度的重建，而是插入一些小尺度的"泡泡"元素，像磁铁一样去更新生活条件、激活邻里关系，与其他的老房子相得益彰，使得彼此焕发新的生命光辉。

第一个在北京胡同实施的"32 号泡泡"是一个加建的卫生间和通向屋顶平台的楼梯，它看上去仿佛是一个来自外太空的小生命体，光滑的金属曲面折射着院子里古老的建筑以及树木和天空，让历史、自然以及未来并存于一个梦幻的世界里。

与北京胡同"32 号泡泡"在旧区加入现代元素的方式不同，万科水晶城通过保留、改造历史遗迹来激活历史的记忆。万科水晶城是中国第一个以保留工业时代历史遗迹为主题的大型社区，位于天津市区南部、梅江南生态居住区的卫津河东岸，占地面积 39.06hm²，建筑面积 39.06 万 m²，容积率 1.0，距外环线约 2km，是天津万科地产 2003 年推出的大规模居住社区。

该居住区基地原是建于 1968 年的大型国有企业——天津玻璃厂（现已迁往天津市滨海新区），工厂迁址后，基地上留下了包括厂房、卷扬机、消防栓、烟囱、铁轨以及厂区内 400 多棵树龄 10～30 年的大树等诸多具有历史年代色彩的元素。开发商通过对基地现状的考察与研究，确立了尊重基地环境的开发理念，制定出"保留、对比、叠加"的开发原则。具体而言，"保留"是指对原玻璃厂内的历史遗迹根据价值意义有取舍地进行保留，使之成为新社区中重要的景观元素；"对比"是指不粉饰古旧，而将新旧物质自然地置于同一空间，使之产生强烈对比；"叠加"是指延续基地环境中的各要素，融旧于新，从而形成一个密不可分的整体（陈天，2006）。

规划将东入口处的工厂大门改造为新社区独特的入口标志，靠近东入口处的南北、东西向的两条林荫道也保留下来，分别作为社区内主要的车行道和步行街。社区中心会所（图 3-37）由厂区内最大的工业建筑——原吊装车间改造而成，车间原有的巨大的钢筋混凝土框架被完整地保留了下来。中心会所的粗糙混凝土立面暴露在外，与之相"叠加"的是崭新的钢化玻璃和全新的使用功能（会所与多功能艺术展廊），鲜明的对比展现出美妙的时代感。旧铁轨（图 3-38）这一颇具象征意义的线性元素和一系列名为"日子记忆"的雕塑作品（图 3-39）被"叠加"在东西向步行街上，并以一台庞大的旧蒸汽火车头

图 3-37 天津市万科水晶城的中心会所景观。这是一处由玻璃厂厂房改造形成的会所空间。

图 3-38 天津市万科水晶城内的小路。保留的旧铁轨与现代化的道路互为补充，形成社区特色景观。

(1)

(2)

图 3-39 天津市万科水晶城的景观细节。"日子记忆"的雕塑与结合旧元素的
景观小品延续了该处基地属于工业化时期的文脉。(1)(2)

作为终点,在营造时代变迁感的同时,也使步行街具有了强烈的可识别性和场所感。

万科水晶城的成功之处就在于将环境要素(植物、厂房、铁轨等)与城市文脉进行对话,创造出兼具景观生态与文化意义的新街区主义空间。房地产开发商看重的是历史元素的无形价值和旧建筑改造的文化效应,而对于一个城市而言,在现代居住区中能保留一段旧有工业时代的历史,延续基地的文脉,尤为可贵。

雨洪处理

除却对场地自身特色的认知与保护，居住区内的雨洪问题也日益受到重视。不同于欧美、澳大利亚等国家对于雨洪管理的成熟方法和体系，中国目前还处于对雨洪问题探索的初期阶段。大多居住区的建设很少考虑雨洪问题，只是简单地将雨水排入市政管网，导致区域性的雨洪调节压力增加，同时也使居住区面临着雨洪的潜在威胁。在这样的大背景下，一些规划设计者开始探索如何在居住区景观内通过模拟自然的雨水消解过程，利用地表水处理有效解决雨洪问题。北京的东方太阳城便是一个在居住区雨洪管理方面探索相对早期又前卫的案例。

东方太阳城住宅区位于北京市顺义区顺平公路南侧，潮白河的西岸。该项目试图营造一处无市政雨水、污水管线，将生活污水和雨水均排入人工湖进行净化并加以循环利用的全新雨洪景观格局。小区以景观湖为核心，模仿自然水系的汇集、净化方式，运用截污截流、循环、

图3-41 北京市东方太阳城内的植被渗滤浅沟。这些浅沟位于建筑物周边，能够就地有效渗滤雨水。

(1)

(2)

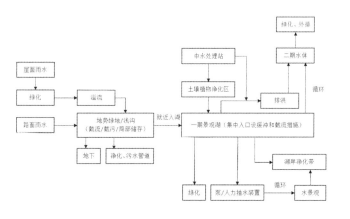

图3-40 北京市东方太阳城雨水利用设施工艺流程图。

图3-42 北京市东方太阳城的堤岸。缓坡加植物根系等能够净化汇流来的雨水。(1)(2)

图 3-43 北京市东方太阳城内水体净化区域。人工提水装置既能加快湖水的流动，又自成一景，独具趣味。

生态修复、"自然净化"和"自然排放"等关键技术手段，以雨污水进行资源利用、排洪，以及营造湖景为目标，进行整体设计（图 3-40）。这是一个典型的由工程师主导的景观营造案例，

图 3-44 北京市东方太阳城内的土壤渗滤区。

就设计而言，整个小区对景观生态功能的追求远大于景观的艺术化表达。

小区内整体的水环境规划与景观相结合，采用系统的雨水收集、输导与污染控制系统。将雨水以不同方式汇集起来，通过设置排洪渠，保证场地水安全。屋面雨水就近汇入建筑附近的低势绿地，路面和停车场雨水首先流入建筑附近的下凹绿地，经由条状截污带或路边浅沟（图 3-41），通过过滤等净化措施，最终排入景观湖。对于来自污染程度较高的停车场雨水，在排水沟内设置特殊的初期雨水自动弃流装置，污染的初期雨水经分流后排入小区污水管系，然后流入中水处理站，处理后再用作景观水。对于污染较少的房屋、绿地雨水经源头截流、截污后通过多条自然排水浅沟汇入人工湖，排水沟内还设置了简易格栅，用于过滤落叶等较大杂物。景观依靠具有强净化能力的人工混合土壤、植物根系和土壤中丰富的生物种群对中水做进一步处理，并利用湖周边的低势（5 ~ 10cm）绿地对集中的汇流进行后续净化，使其达到优良水质（图 3-42）。除此之

图 3-45 北京市东方太阳城内的植被净化区。

外，项目还结合水景设计出多处人力提水装置和潜水泵湖水循环系统，加快湖水的流动与更换（图3-43）；与湖水循环系统相配合，在绿地中设计了6处集中的土壤生态净化区（图3-44）；增设湖内植物浮岛和湖边水生植物区，旨在改善湖本身的生态功能，使其具备一定自净能力（图3-45）。

该项目开创了居住区雨洪管理的先河，引入了一种新的生活模式。在场地没有市政排水管网的条件下，使用低影响开发的雨洪控制技术，模拟自然水过程。降低了设计成本的同时，也塑造出了独特的自然式户外景观环境。

除了东方太阳城居住区这一完全不依赖市政排水管网的雨洪污水处理体系外，中国目前还有很多的居住区都在景观建设过程中力求局部解决和利用场地内的雨水，还会适当使用市政管网。不过，这些尝试大部分都只是开发商或者设计师的个体行为，在城市中成点状零星散布，雨洪管理的效用也存在差异。如何整合这些个体行为，并在更大区域内形成雨洪安全格局，还有待进一步的探索。

第五节　小结

经济的飞速发展以及生活条件的极大改善，极大地刺激了居住需求，使得当代中国的房地产市场绝大多时期都是卖方市场，不少地方的房地

图3-46 某居住小区内的一处开放空间。它最开始是个喷泉，后来因为缺水变成花坛，然后被废弃成一个下凹的大坑，直到地面重新平整、两个乒乓球案进入后才使这块雕琢、图案化设计的场地发挥出一点居住区绿地应有的功能。类似的场地在中国居住区内部比较普遍。

产都处于供不应求的状态，这也限制了多数中国人对真正所喜欢的居住形态上的选择权力。诚然，这种情况在未来不会一直持续，随着中国的房地产市场逐步走向供需市场的平衡，居住者的选择范围将逐步拓宽，同时，购房者需求及期望的增高，也会促进居住区景观发展预期变得更加注重各种关系的协调，主要体现在以下两个方面：

1. 形式化与人性化的均衡。未来中国居住区景观会对五光十色的设计风格掩映下的内在本质——居住者的需求——作出进一步反思。那些过于雕琢、细碎、仅仅满足视觉观赏的景观形态终将被更加完整实用的空间所取代（图3-46），如何利用居住区景观把人的活动组织起来，构建更强烈的社区归属感将是未来发展的关键。而且，与欧美大多国家不同的是，自古中国社会就崇尚群居，家庭观念较强，因此中国的居住区景观还需要能够满足居民以家庭为单位的活动需求。考虑到退休的老人帮子女照顾孩子是中国的特色文化之一，加之中国日益加重的老龄化，以及即将逐步放开的生育政策，居住区景观需要进一步深入考虑使用群体的切实需求，对以家庭为单位的景观支持形式进行探索。

2. 模式化与多样化的均衡。房地产开发商大多喜欢模式化的景观语言，因为这符合他们将景观形式与风格定位为企业名片的追求，且便于实施，易于快速在他地复制。在经济因素的推动下，各式风格的居住区景观在全国各地大规模展开。然而，模式化的语言也常常会造成地方特色的缺失，并无法满足当地的特殊需求。设计师需要思索如何能够在满足房地产商基本利益的基础上构建更符合地方气候与文化特性的景观形式，这种形式不是一成不变的，恰恰应该是因时因地而制宜的，而且多样化并不代表着世界化，反而应该更回归地方、顺应传统。

此外，居住区景观应该重新审视居住区内法定要求的"30%绿化率"的未来走向。30%是一个不小的比例，到底该如何更好地利用这些空间是一个值得设计师思考和探索的问题。以下几方面或许能为设计师提供一些启发。

绿色停车场？

这一思路并不针对新建小区，而是反思当前中国已经开发的大多居住区绿地。我国大多数建成小区内的单元户数与停车位的比例大致为2:1或 1.5:1——那些1:1或者1:2的居住区可以算作高端产品了。20世纪七八十年代建设的很多小区甚至都没有考虑停车位的问题。随着道路交

图3-47 某老旧小区内的局部绿地。它已经变成停车场，居民日常活动和汽车交通停车交织在一起。如何在小区建设中寻求游憩与停车的平衡是值得深思的问题。

图 3-48 某居住小区内的私家菜园。这种私家菜园在许多居住区中都很常见，多是一层居民利用屋前的土地自发种植的。这些土地有些是私有的，有些是公共的。

图 3-49 北京市上地 MOMA 小区的开心农场。这处由社区组织的农场位于社区与一条市政小路之间红线范围。这类农场在中国并不常见，且受到城管部门的一再警告，但却受到居民的热烈欢迎，大家纷纷在每家不到 3 平方米的地里种上了各种各样的蔬菜。难道这样的开心农场就不能移到小区内部？

通的大规模建设以及大众出行对于汽车依赖的增强，停车问题成为许多社区的头疼之处。如果能够将居住区中的部分装饰性绿地变成绿色停车场（图 3-47），将一定程度上满足居民的需求。诚然，这不意味着要将所有的绿地都变成停车场，同时这种做法也会消减一部分的社区活动空间，降低社区活力，但不少社区都毗邻城市公园，或许将会缓解活动空间需求上的压力。本书的最后一章将会涉及居住区内部公园和城市公园功能重叠的问题。

增加生态服务功能？

居住区内 30% 的绿地不仅应该服务于人，还应该为所在地区的环境与生态问题以及周边整体生态系统服务功能做出贡献，而且这种贡献应该不仅仅止于生态设计概念层面，还要对所取得的生态结果进行量化。例如，雨水能否完全在社区内部消解，而不向市政管线排放？废水、垃圾能否在社区内实现分类，并经过无害化处理得到内部循环利用？植物品种的选择以及搭配能否减轻如雾霾等空气污染问题？社区绿地能否成为城市内部的碳汇，以减弱城市的温室效应？

局部生产化？

现在，越来越多的中国人开始主动体验耕种，不少人在近郊租地自种蔬果，并享受回归自然的乐趣。中国人有浓厚的土地情结，很多居民充分利用社区中的各种边角空间来种菜种果的现象屡见不鲜。设计师何不将居住区内 30% 的绿地加以利用，开辟一处或几处社区菜园呢？让人们可以在此地体验农耕的辛劳与丰收的乐趣，并因此结交朋友，增进邻里感情，进而成为社区凝聚力的一大支撑（图 3-48，图 3-49）。

溶解社区景观？

中国的居住区大都是门禁式社区（gated community），围墙既是历史传统四合院的遗风，也体现了当代中国人对于安全与管理的重视，更多地它还是社区的物质边界，直接界定了小区内部居民对居住区内各种资源（包括绿化空间等景观环境，以及停车位资源等）的占有与所属权。围墙的存在直接割裂了居住区内部绿地与外围开放空间的关系。围墙的消失可能意味着更广泛的资源共享、更方便的活动空间，以及更为连续的城市整体生态基础设施。与此同时，由于中国居住区一般占地面积较大，且城市路网也较为稀疏——以华盛顿为例，其机动车道间距约为 100～150 米，而北京通常约为 700～800 米——加之社区的封闭性，会导致居住区内道路使用率低下。中国居住区的尺度应该具有何种尺度，以及社区与周边城市环境的关系值得设计师进一步思索。

仅以抛砖引玉之遐想展望中国居住区景观之未来。

第四章
校园景观

　　中国古代有着历史悠远的官学、私学和书院传统，这些地方共同的景观特点是：讲究"依山林"、"择圣地"，在自然环境中修身养性；追求内向封闭、安静以及与世俗隔离，这样的景观也与封建社会以及儒家、道家的思想相符合（图4-1）。而当代中国校园景观的发展则几乎完全摆脱了传统的束缚，转而向西方校园景观建设学习。与此同时，由于各种历史和文化因素的限制，中国对于幼儿园、小学、中学的校园景观重视度并不高，只是在最近几年才刚刚受到关注。伴随着改革开放以来的人才需求的倍增，大学校园得以长足扩展，校园景观也发生了多元变化。因此，本章所谈的校园景观主要集中在高校景观。

图4—1 位于湖南省长沙市的岳麓书院。该书院始建于公元976年，为中国古代著名四大书院之一。书院临岳麓山而建，景观与山水自然融为一体，体现了中国传统园林的典型设计手法（姜海龙摄）。

第一节
基本背景

偏低的毛入学率

依据约定俗成的国际量化标准，高等教育大体可划分为三个发展阶段：英才教育阶段（毛入学率<15%）、大众化教育阶段（毛入学率15%～50%）、普及化教育阶段（毛入学率>50%）。中国从1898年清政府设立西洋大学堂开始，到1992年近百年的时间，一直都处在极端英才教育阶段（毛入学率一直没有超过2%）（曾祥志，2006）。随着我国高等教育的不断普及，毛入学率逐年攀高，目前已进入大众化教育阶段（2012年时已达30%）（图4—2）。但较西方发达国家而言依旧偏低。美国、法国、澳大利亚、加拿大、芬兰等国的高等教育毛入学率均已超过50%，进入普及化教育阶段。

极其快速的规模

校园建设急剧变化的诱因是中国教育招生人数的快速扩张。1999年第三次全国教育工作会议的高校扩招方案是中国教育快速扩张的起点。此次会议后，当年即扩大招生规模，分别在1998年的基础上使本科生和研究生的招生分别增长了47.3%和27.2%。此后连续6年，普通高校招生人数持续快速增长。截至2011年，普通高校本专科招生数为已达681.50万人（图4—3）。1999至今的跨越式发展阶段具有特殊性，扩招时限短、

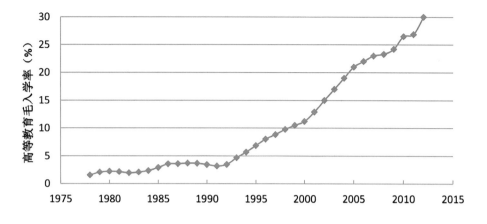

图 4-2 中国高等教育毛入学率变化图(资料来源:1980 ~ 2002 的数据摘自相关文献资料及教育部的历年教育统计年鉴,2003 ~ 2012 数据根据我国历年教育部教育事业发展统计公报整理)。

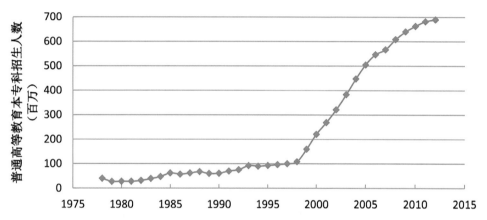

图 4-3 普通高等教育本专科招生人数变化图(资料来源:1980 ~ 2002 的数据摘自相关文献资料及教育部的历年教育统计年鉴,2003 ~ 2012 数据根据我国历年教育部教育事业发展统计公报整理)。

速度快,使中国高等教育由精英教育阶段快步进入大众化教育阶段,从而引发相应的高校建设的高潮(彭清华,2011)。

以公立为主导

中国本来有着悠久的私学传统,但在 1952 年的全国高等学校院系调整中,政府接管了所有的私立高等院校,私立高等教育也随之消失。改革开放后,民办高等教育得以恢复和发展,自 1978 年我国第一所民办高校湖南中山进修大学成立以来,截至 2011 年,全国普通高校 2409 所中民办高校占 698 所,然而其数量和教育地位尚无法与公立大学相比较。

但是,国外的知名大学多是私立学校(如哈佛大学、耶鲁大学等),而中国的情况却与之相反,中国所有知名的大学均是公办学校。中国私立高校的教学作用以及社会地位和美国的社区大学有些类似,其入学门槛低,教育注重技能。但美国的社区大学学生能够直接转入其他高校,形成良好的衔接。而在中国,私立高校的学生如果要进入公立高校继续深造,则需重新进行入学考试,难度系数要大很多。

以封闭式校园为主

中国的校园，从幼儿园到大学大都是封闭式的。学校于中国人而言，是象牙塔般神圣、封闭、清高的地方，是要维持相对安静、安全的氛围的地方。正如《大学》中所述："静而后能安，安而后能虑，虑而后能得。"宁静校园环境便于人体察内心、自我修炼、专心致志地进行学习和研究。同时封闭的校园也体现了很多中国所特有的社会现实，比如校园内部的很多设施如食堂等都享有国家补贴，无法对社会开放；学校需要对学生的安全负责，不能让进入校园的人员过于闲杂等。因此这种封闭式的校园所形成的景观是不同于西方国家的。

第二节
大学城：风格统一

1999年后中国大学持续扩招，是大学城建设的重要原因之一。而1998年中国住宅制度改革和此前的土地制度改革、财政分税制度改革则是不可或缺的助动力，这些制度叠加在一起，使地方城市拥有了城市土地的处置权，激活了房地产市场。地方政府为大学提供土地优惠条件，大学所在地往往能迅速聚集人气、提升地产价值，从而加快城市化进程。大学城建设，在高校、地方政府以及企业之间似乎是一拍即合的成果（陈晓恬，2008）。在国外，大学城是大学聚集自然而成的城市；在中国，大学城大多是由地方政府主导的市政建设。

2000年9月，位于河北省廊坊经济技术开发区的东方大学城正式开城，成为国内第一座大学城。一股大学城建设热潮从此开始兴起，迄今为止以大学城为名的地方已不下50处。它们小则几平方公里，大则几十平方公里。如位于中国广州市番禺区的小谷围岛广州大学城，规划面积43平方公里，如今已拥有师生近40万人。走过十几个年头的大学城已经开始受到社会的部分质疑，那就是大学城建设有没有过热？有没有可能出现高教资源过剩而使部分大学城空壳？

图4-4　广东省广州市番禺区的广州大学城校区组团二期规划图。整体规划思路统一但内部又有不同的风格。

(1)

(2)

图 4-5 广东省广州大学城华南理工大学教学区正南北向轴线两侧景观。（1）（2）

这些新建大学城大多经过统一规划设计，所以景观风格和整体特色都比较明显。图4-4所示为位于小谷围岛东南侧的广州大学城校区组团二期，体现出大学城的规划整体上具有统一的思路，但内部兼有不同的风格。二期整体用地223.8hm^2，包含华南理工大学、广州中医药大学、广东药学院三所大学。规划在组团中央设置了一个生态公园，构成整个组团交往、共享、绿化环境的核心及交通联系的节点。同时，规划因地制宜改造环境，使自然景观成为校园环境的主体和特色；同时整合现有水体，形成活水水系并与珠江相连。各个校区功能各异，形成多层次、多元化的空间形态，营造了交融共享、亲近自然、有机和谐的大学校园。

华南理工大学教学区依循完整的轴线系统构建，轴线对于整体规划结构来说，有着一种控制性的力量，能体现出庄重、理性的稳定构架。同时也与知识理性的教化功能相协调。规划设计以朝向江面和正南北形成两个方向上的轴线（图

图4-6　广东省广州大学城华南理工大学教学区的局部景观。该处景观设计结合了周边地形与建筑形式，体现了校园设计的"浪漫山水"情怀。

4-5），并在中心广场以"知识源泉"为核心，轴线做了巧妙的转折。建筑与外部空间均依托于这条转折的轴线，从而奠定了整体规划环境的基调——校园理性与浪漫山水的结合，庄重科学精神与自由人文精神的结合（图4-6）。广东药学院教学区地块狭长，建筑面积较大，用地较为紧张，因此在规划中，运用连廊、"巨构"等方法，形成特色鲜明、整体性强的建筑群体（图4-7）。

图4-7　广东省广州大学城华南理工大学教学区内的景观衔接。连廊将各个建筑连为一体，形成特色鲜明、整体性强的建筑群体，绿化在这里更多的是衬托作用。

图4-8　广东省广州大学城广东药学院教学区的中心生态绿地。该处绿地不仅完整地保留了山体，而且山上的荔枝林更是中心绿地的主体，形成山水相连的校园环境。

校园建设保留了场地中原有的山体，并在低洼的地带开挖水系，使得校园内山水相连；中心绿地的建设巧妙结合了场地原有的荔枝林，规划在植被覆盖较少的地方建设中草药公园，营造了以自然景观为主题的校园环境（图4-8）。

第三节
老校园：兼容并包

高校扩招之后，几乎所有的大学都在原有的基础上尽最大努力扩建整治老校园，有些学校直接在周边征地建设，有些则直接在内部改造重建。例如苏州大学，其近年扩建的面积是原东吴大学的2倍，主校区以东吴大学旧址为发端向北延续形成。就连周边用地紧张的清华大学和北京大学都至少向外扩张了0.5倍的面积。

老校园的扩建使得现在许多大学在不经意间兼容了很多不同时期不同风格的景观特征。清华大学校园是一个典型（图4-9）。清华大学的景观

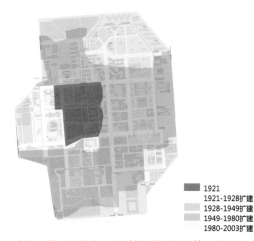

图4-9 清华大学历年扩建图（张敏根据刘世宏等人"清华大学校园发展回顾及启示"一文绘制）。

1921
1921-1928扩建
1928-1949扩建
1949-1980扩建
1980-2003扩建

图4-10 清华大学早期校园景观。这处景观体现了以大草坪为中心，周边布置礼堂，教学楼的弗吉尼亚式校园景观风格（王润滋摄）。

图4-11 清华大学校园内的中国古典园林景观（王润滋摄）。

风格主要分为四个时期：1911～1921年间以大草坪为中心，周边布置礼堂、教学楼的弗吉尼亚式校园景观风格（图4-10）；1922年后，将近春园、长春园东南隅等中国古典园林并入校园，增添了中国古典园林式的校园景观（图4-11）；1950年后，校园景观受苏联设计模式的影响，建设了中轴对称的宏伟主教学楼和大尺度的楼前广场（图4-12）；20世纪80年代后则更重视多元化、人性化、现代化的校园景观的建设。于是，各种不同类型的校园景观并存在校园中并发挥着各自的

图 4-12 清华大学校园内的大广场。受苏联设计模式影响，清华大学建设了中轴对称的宏伟主教学楼和大尺度的楼前广场（王润滋摄）。

图 4-13 北京大学未名湖一带的校园景观（王润滋摄）。作为清朝圆明园遗址的一部分，北京大学的未名湖如今依然是一处非常怡人的独特场所。这里的湖光塔影掩映在茂密的树木丛中，有多达 200 多种植物在这里自由地繁育生长。

图 4-14 广东省广州市华南理工大学松花江路的历史建筑。这些建筑是原"国立中山大学"教授的居住区。

图 4-15　广东省广州市华南理工大学老建筑更新后的鸟瞰全景。绿色屋顶与老院落景观相得益彰。

图 4-16 广东省广州市华南理工大学老建筑更新后的新景观。景观与建筑融为一体，室内外融为一体，且形式简洁但功能多样。

功能，营造出校园中不同的氛围。

对大学发展而言，历史的积淀既是遗产也是制约。如北京大学未名湖一带，由于处于历史文化保护地段，这里形成了校园中一片独具特色的休闲区域以及动植物保护地带（图 4-13）。也正是由于位处历史保护区，北京大学的整体发展在风格以及建筑高度上均受到了制约，导致校园其他地带严重拥挤，校园景观除了未名湖区域外并无突出特色。

历史遗留景观与建筑的改造也能使校园景观焕发独特的生机，形成新旧对话的校园景观，广东省广州市华南理工大学松花江路历史建筑更新改造就是一个很成功的案例（图 4-14,图 4-15）。这里是民国时期"国立中山大学"教授的居住区，后被列为历史保护建筑，由于年久失修，这些建筑破败，更有部分已成危房。面对这些在城市高速发展中被遗忘的历史建筑，从 2004 年起至今，经过三次渐进式的更新改造，采用园林化、机能更新、社区融入、生态节能等设计策略，这些破败的历史建筑逐渐转变为一个独具岭南地域特色、充满朝气活力的建筑师工作室，为校园创造了一个富有文化气息的创新基地，为社区创造了一个自然、人性化的公共活动场所（图 4-16,图 4-17）。

(1)

(2)

(3)

图 4-17 广东省广州市华南理工大学老建筑更新后的景观衔接。这些景观有机融合了新旧建筑之间以及室内外之间的空间。(1)(2)(3)

第四节
新建校园：特色尝试

新建校园与扩建老校园不同，它们往往没有历史遗留的约束，能够更加自由地从不同角度对当代设计行业中的一些新理念进行诠释。例如生态、可持续发展、历史传承等原本在城市角度探讨、研究的设计思路，也出现在校园规划中（陈晓恬，2008）。本书介绍的三个案例也各具特色，四川美院虎溪校区体现了一种后现代的乡愁，沈阳建筑大学校园塑造了独特的校园生产性景观，而象山美院的校园则重新演绎了本土的山水空间。

位于重庆市沙坪坝区占地 66.7hm^2 的四川美院虎溪校区是郊野校区的代表。校园采取了一种"建设原生态校园的思路"，将自身的地域文化与校园个性联系在一起。设计师提出，在规划上要"十面埋伏"——将建筑隐于山体之中；在建筑设计上'不铲一座山，不贴一块砖'；校园绿化依山就水、保持田园风貌（图4-18）；使用功能上室内外均应是教学场所。在此理念的指导下，校园的规划、建筑设计和景观设计与建设尽量保持原来的地貌特征，场地上原来的农舍、池塘、梯田、水车、犁耙、风车、石磨、老床等器物都被一一保留下来（图4-19），并且均按原样陈设，在校园里甚至可见农民们的劳作、生活。

图4-18 重庆市四川美院虎溪校区的校园绿化。该校园景观依山就水、保持了当地的田园风貌（郝大鹏，马敏摄）。

图 4-19 重庆市四川美院虎溪校区内的农舍。这些在校园建设过程中保留下来的场地上原有的农舍成为师生绘画写生的场所及创作的灵感源泉（溯河摄）。

图 4-21 重庆市四川美院虎溪校区的油菜地。油菜地自成一景又成为学生休憩写生的最佳场所。建筑以聚落的形式在山坡周围自由散布。田野四望，整个校区弥漫着静谧、清幽的田园情怀（郝大鹏、马敏摄）。

图 4-20 重庆市四川美院虎溪校区的园东大门景观。该处景观由当地农民参与创造，充分利用了当地废弃的建筑材料（溯河摄）。

校园各功能区文物、古朴的乡土景观的保留和重塑、现代雕塑的点缀，整个校园带有浓郁的重庆地域特色而又不失文化气息（图4-20）。

虎溪校区的建筑布局充分考虑到重庆的自然条件，整体上以聚落的方式在山坡周围自由散布，而聚落正是重庆山城典型的建筑传统。楼在林间，田野四望；廊桥路回，清池在旁。建筑与自然的结合，让整个校区弥漫着静谧、清幽的田园情怀（宋康，2011）（图4-21，图4-22）。

辽宁省沈阳建筑大学新校园以水稻农业景观与校园文化生活的创造性结合而闻名，占地面积80 hm²。大量使用农作物、乡土野生植物作为景观的基底，形成了独特的、经济而高产的校园田园景观（图4-23）。遵从两点一线的最近距离法则，用直线道路连接宿舍、食堂、教室和实验室，形

图4-22 重庆市四川美院虎溪校区的廊架。这些廊架利用乡土的瓦片、木柱构建而成，符合当地的建筑风格（溯河摄）。

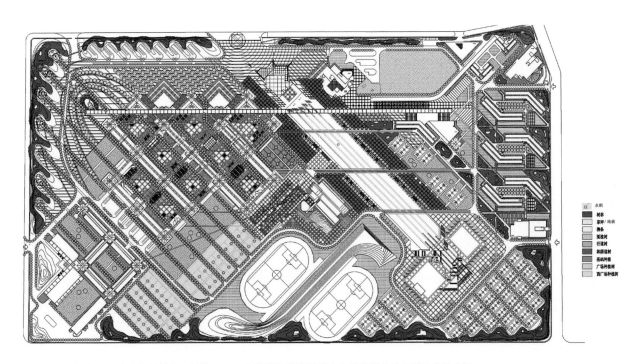

图4-23 辽宁省沈阳建筑大学新校园总平面图。直线的道路及景观连接着校园内的主要室内外空间。

图 4-24 辽宁省沈阳建筑大学新校园内的稻田肌理。

辽宁省沈阳建筑大学新校园的耕读生活。学生们在稻田中学习读书。

辽宁省沈阳建筑大学新校园的收获季节。师生们可以尝试收获的体验与喜悦。

图 4-25 辽宁省沈阳建筑大学新校园的农耕体验。稻田成为学生、老师和游客学习、休闲以及参与农耕体验的场所。

成穿越稻田、绿地及庭院的便捷路网（图4-24）。连续的"之"线形步道通过两侧的白杨林行道树被强化，成为连接庭院内外空间的元素。将旧校园的门柱、石碾、地砖和树木结合到新校园环境之中，建立起新旧校园之间的文化联系。将农业与劳动教育融入大学的校园绿化中，以最经济的途径重拾起"园林结合生产"的精神，使快乐劳动成为校园的一道靓丽风景（图4-25），收获的稻米——"建大金米"成为学校的特色礼品。

沈阳建筑大学的设计强调了现代景观的简约和功能主导性，创造性地将稻田引入校园，诠释并再现我国古代的"耕读"文化，满足校园学习、美育和文化及农业劳动教育等需要。乡土材料的大量使用体现了设计者一贯主张的"白话的景观"与"寻常之美"的设计思想。

位处浙江省杭州市的中国美术学院象山校园一期工程则探索了具有本土人文意识的新设计模式。设计用地位于高约50m的象山脚下，开工之本前为一片平坦的水稻田，两条小河绕山而过，自西向东在此汇流，场地依山傍水，生态良好。校园的规划围绕葱郁温婉的象山展开，设计师运用传统园林建筑中"平地起坡"技法，顺着山水之势将原本平坦的地形改造成为典型的中国江南丘陵地貌，建筑群随山水扭转、偏斜。建筑单体的组合形式呈现一种看似松散、北高南低的"大合院"聚落，而校园则呈现为一系列"面山而营"的差异性院落格局（图4-26）。设计师崇尚自然

的设计理念，使得象山校区具有优质的校园环境，为美院学子提供了良好的学习、生活环境，更是打破了多年来几乎大同小异的、以营造中心校区为主的大学校园格局。

象山校区大到整体布局经营、小到建筑形式和材料细节，都体现着对传统与本土营造方式的思考。建筑设计选用乡土材料，校园规划结合当代现实，探索具有本土人文意识的新建造模式。设计将环境摆在首位，以避免不必要的生态破坏作为前提（图4-27）。原有山水格局、燕麦稻田的保留（图4-28，图4-29）和大量的乡土植物的种植，使校园更具生机和意趣（图4-30，图4-31）。同时校园中有计划地大量使

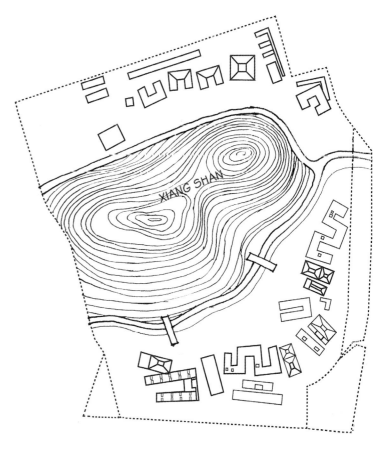

图4-26　浙江省杭州市中国美术学院象山校区的校园肌理。校园围绕象山周边而建，一期主要在象山北麓，二三期则在象山南麓。

图4-27 浙江省杭州市中国美术学院象山校区教学楼远眺景观。从教学楼可以回望象山。

图4-28 浙江省杭州市中国美术学院象山校区内的池塘。它保持着自然风貌，充满野趣。

图4-29 浙江省杭州市中国美术学院象山校区楼前的燕麦地。生产性景观成为教学楼的背景。

图4-30 浙江省杭州市中国美院象山校区。其荷塘、用材以及整体环境都在传达着这块场地最原本的乡土与淳朴气息。

用当地废弃的旧瓦，使其成为铺地，体现了对正在逝去的建造传统的追忆，增强了校园空间的历史感和场所感。废弃材料的循环再利用不仅有效控制了造价，更是节约了自然资源，体现了设计师的建筑营造观。

象山校园对本土建筑的现代演绎，在不断破碎的郊区重建了一个具有归属感的校园空间，在当今大学建设热中，此举不仅是对具有本土人文意识的新建造模式的一次成功探索，更是传统中国山水间的建造经验在当代的灵活运用。

图4-31 浙江省杭州市中国美术学院象山校区内的休闲空间。当地竹子的种植形成静谧、自然的景观氛围。

第五节　小结

著名建筑师沙里宁说过：大学就像我们时代文化沙漠中的绿洲。这种绿洲于中国高校而言既是精神上的，也是物质上的。无论是风格兼容的老校，还是形式统一的大学城亦或是风格鲜明的新校园，它们在过去20几年内的拓展都为莘莘学子提供了更优越的生活学习空间以及精神理想家园。当代校园的规划建设，不单单反映了景观风格或者模式的选择，更映射了我国高等教育的选择。可喜的是，在经过几十年的探索之后，当代中国高校景观日益注重校园的基本育人功能——力图促进学生与自然、他人、社会的联结，尽管如此，校园景观的未来仍有许多更深远的问题值得我们去思索。

校园如何具有更加实用的人文活动空间？那些装饰性的绿化终将被能够进入的、能够为师生所使用的空间所取代。校园景观会进一步立足于学校的特色，专注于校园文化的营建上，回归老师和学生的日常需要上。这种回归强调的并不是设计师的理念、不是设计技法的表现，也无关地方文化的提升，而是那些能够促进师生学习与交流机会的空间。例如，用餐也许并不局限于食堂，自习空间也不囿于教室，教学活动可以从室内移至户外，师生在开放空间内舒适地交流、学习，以致言传身教。而景观应该成为这些活动的有效载体。

学校如何与社会更加融合？大学应该是人生实现从依赖他人向自我独立的转变时期，学生在这里开始迈进社会，这一期间应该加大与社会的接触力度，而非在自我封闭的理想校园空间中畅想。例如美国的很多大学都只要求学生在大学一二年级时住校，此后更鼓励学生走向社会，便可以居住在校外。而中国的大多数大学的学生管理模式仍较为封闭。大学的校园景观应该进一步思索怎样融入社会，以此鼓励学生去更多地、更早地体验接触社会现实，在与社会的互动中理解现实、适应现实。

如何使校园景观与教育结合起来？生态设计、保护与传承场地的文化等思想，已日渐在当代校园的设计手法中体现。除此之外，校园景观更应该是一个实验场，一个学生们自主探索知识、实践思想的最佳场所。就像上文所介绍的四川美院虎溪校区的设计理念一样，校园里室内外所有地方都应该成为教育场所。图4-32是校园中师生一起研究校园景观雨洪特征的场景。类似的方式在未来的校园中将愈发常见，形成一种景观即教育的最佳境界。而这一方式也更应该从大学校园，向高中、初中、小学以及幼儿园延伸，让景观成为教育的载体，使孩子们回到自然的教育氛围中。

图4-32　在校园景观中学习的场景。下雨时师生一起在校园里观察雨水的流向，探讨学习雨洪规划设计的方法。

第五章
商务景观

　　当代中国商业与传统中国商业的最大差别在于前者被视为国家的"主业",而后者一被定义为"末业"。随之而变的景观也在当今中国受到了前所未有的重视,而传统上所谓的商业景观只是一些在建筑与日常生活必需场所内"借道"而自发形成的交易场所,具有很强的灵活性与随机性。一个是自上而下的设计,一个是自下而上的生成。虽然随机的商业活动在当代中国也经常随处可见,但却常常被定义为"影响市容"的"路边摊",亦被列为需要重点改造甚或被取缔的对象。

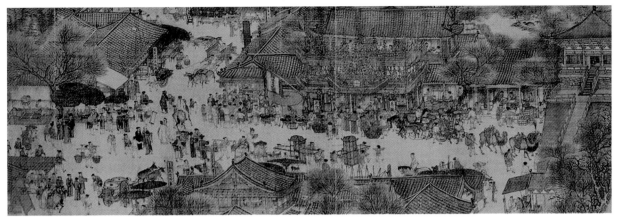

图5-1 《清明上河图》(局部)。一部《清明上河图》描绘出中国宋朝坊市与原始形态商业街内的繁荣"市井"生活。起步于商代的中国商业在2000多年的历史中一直是场面繁荣,但事实上却更多地依赖民间自发经营管理,并不受封建王朝统治者的高度重视。

第一节
基本背景

从无到有的市场经济

当代中国商务景观是对中国商业文化的一次全新诠释,因为这一时期的市场经济发展实现了从无到有,从配角到国家产业重点之一的突破性转变。重农轻商是中国历代封建王朝统治下的社会认知,从商也被视作一种下等的职业。新中国成立初期至1978年改革开放前,中国又一直实行的是计划经济体制,商品不能按照市场的规则自由流动和自由买卖,零售业态主要以国家所有和集体所有的供销社为主,商业企业不具备经营自主权,商品供给实行配给制(武云亮,2004)。从改革开放之后到1990年代初期,我国的经济体制开始由"计划经济为主,市场调节为辅"向"有计划的商品经济"的转变。自1990年代初期直到现在,中国的市场经济体制才实现全面改革,商业企业数量及商业业态大增。时至今日,以国家GDP总量来看,中国已经成为继美国之后的世界第二大经济体。

消费主义

作为能够直接带动商业发展的消费主义理念是中国改革开放的重要产物之一。在改革开放之前,中国人的消费一直停留在基本生活必需品的购买水平。总体而言,每个家庭的全部收入约一半以上都用于购买食品(主要是粮食和蔬菜)。国家整体而言倡导"勤俭朴素、艰苦奋斗",各种对于奢侈品或舒适生活方式的追求则被谴责为"资产阶级腐朽文化"。而随着改革开放的深化,在"能挣会花"的消费观念影响下,消费已成为中国经济增长的动力之一。消费主义理念的日渐盛行大大刺激了商务景观的发展建设。

"中国制造"

改革开放后的中国凭借廉价的土地和劳动力资源,迅速吸引了大量外资,推动了当代中国工业化的扩张。从 20 世纪 90 年代开始，每年在中国的境外投资都超过 400 亿美元（此前每年只有不到 10 亿美元）。尤其是近十多年来，"MADE IN CHINA"已在世界各地随处可见。中国制造承接了大量由西方转移而来的产业，在产品生产加工过程中，特别是劳动密集型产品或劳动密集型生产环节具有相对优势。虽然中国目前正在思考人口红利逐渐下降后，"中国制造"能否走向"中国智造"，以及中国能否走向高端产品的生产制造基地等一系列问题，但毋庸置疑的是，二十几年"中国制造"的努力催生了大量的商业中心以及平地而起的工业园区建设，推动了地方以及国家经济的发展。

伴随着商业活动的多样化，商务景观在当代中国已开始成为现代城市化过程中一道亮丽的风景线。虽然其中也存在一些问题——例如由于国内景观相关设计起步较晚，加之国外公司的不断介入，导致国内大多设计思路处于模仿阶段，原创性不足等。但商务景观作为当代中国人接触较多的一类景观场所，是人们生活中休闲、购物活动以及工作中的重要室外空间。商务景观的意义不仅在于为消费者提供了优美的环境，同时希冀通过设计，来直接引导消费者的生活方式，并成为所在区域的景观新地标。本章从商业整体环境、商业景观功能以及老城商业景观模式三方面，通过案例来展示当代中国商业景观的巨大变化。

图 5-2 北京金融街景观鸟瞰图。该设计力图整合建筑与景观，并通过在大花园中套着的小花园营造出小巧私密的小型聚会空间。

第二节
商务景观环境：形象氛围提升

随着商业活动的兴盛，当代中国商务景观质量的快速提升也有目共睹。尽管不少地方的商务景观还主要以建筑为主体，景观环境大多也显得有些流俗和平庸，但整体商业氛围已经发生了质的转变。尤其是大城市的重点商业地段，其商业景观环境受到了前所未有的重视。开发商或者政府都力图通过良好的商务景观建设，达到组织交通、美化环境、活化商业氛围、提升企业形象等目标。

北京金融街景观设计方案（图5-2）试图将场地打造为北京西部中心的"中央公园"。该区域是一处典型的城市混合使用区域，集住宅、零售、酒店、办公和文化等多种功能于一体。其核心公园的设计试图使现代景观与传统中式园林理念完美地结合在一起，以充分展现北京独特的文化特质，强调公众在空间中的愉悦体验。建成后的场地空间被道路等基础设施分割成碎片地块，很难给人一种中央公园的整体氛围。但设计因地制宜，赋予了场地十足的现代感，实现了不少所谓"中央公园"所能提供的功能，例如提升商业空间形象，为周边人员提供休闲与交流场所等（图5-3～图5-6）。

2014年新近落成的望京SOHO也是一处兼具艺术与现代感的城市商业空间，其景观风格与建筑形式相得益彰，融为一体。它位于北京未来的第二个CBD——望京核心区，项目由三栋流线型塔楼组成，5万平方米超大景观园林，绿化率

(1)

(2)

图5-3 北京金融街公园的休闲空间。周围的人们可以在这里欣赏高低变换的喷泉，或在沿路设置的小巧私密空间内聊天、静坐。
(1)(2)

(1)

(2)

图5-4 北京金融街公园的活动场所。平地、座椅、树荫吸引了大量来此玩耍的儿童及其监护人。不远处的广场空间里，中国特色的广场舞每日在这里上演。(1) (2)

图5-5 北京望京SOHO地标景观。以建筑为主体，景观设计语言和建筑一致，颇具现代气息。自建成以来，望京SOHO通过为居民和顾客提供办公和商业、公园和公共场所，将周边社区有效联系起来。

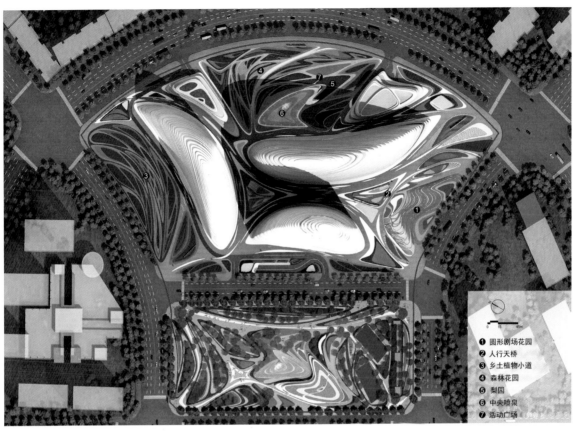

(1)

(2)

(3)

(4)

图 5-6 北京望京 SOHO 平面和实景效果图。步行道结合大量的植物成为楼内上班族及附近居民茶余饭后散步休闲空间。环形露台形成的圆形露天剧场可以满足不同用户群体的社交需求。而黄昏时分，南广场的灯光喷泉和植物照明又能形成特色夜景，吸引人们从附近的办公室和居住区前来游玩。(1)(2)(3)(4)

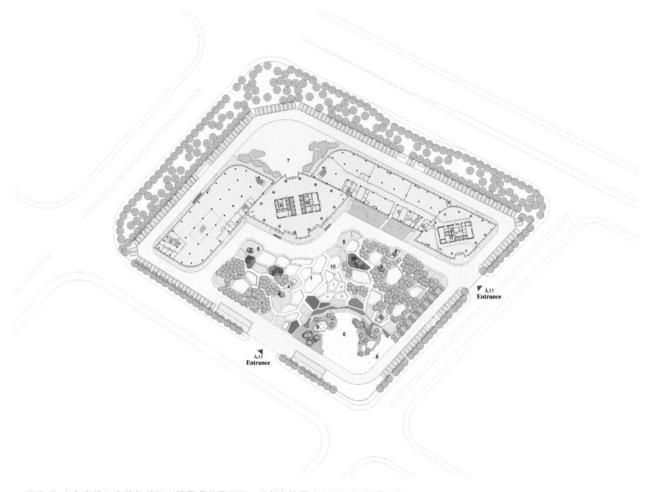

图 5-7 广东省佛山市美的总部大楼景观总平面图。桑基鱼塘围合在建筑与道路之间。

高达 30%，形成了独树一帜的都市园林式办公环境。为了体现四季更迭变化，望京 SOHO 的设计打造了休闲剧场、场地运动、艺术雕塑、水景四大主题景观，远远望去如同洒满阳光的花园，与楼群相辅相成。整个项目在建筑、景观和施工组织等方面都达到美国绿色建筑 LEED 认证标准，打造出一个节能、节水、舒适、智能的北京新绿色商务气息。

乡土景观的现代解读也常常为商业景观注入新的特色与乡土意境。广东省佛山市美的总部大楼景观通过现代设计语言来回应中国岭南大地的

特色景观——"桑基鱼塘"，在高速城市化的当下回归乡土景观形式与本土美感意境（图 5-7）。阡陌交通的栈桥和道路将场地分割成大小不等、形态各异的几何形地块——或下沉为水景，或上浮为种植乡土林木的小丘，或成为小广场（庭院），或是地下采光天井。并在其上点缀以乡土材料建造的现代景观构筑，以形态和乡土材料组合解决高起的若干地下室采光天井的视线遮挡，使地域景观特色延续并贯穿整个场地（图 5-8，图 5-9）。如今，人们走进大楼便会获得一种景观体验过程，经过水景，置身于"基围"并感受"基围"；建

桑基鱼塘　　　　　　　　　　　　　　　　　　　　　　　　场地肌理

图 5-8　广东省佛山市美的总部大楼景观的场地肌理。抽象的"桑基鱼塘"形成多样化的景观空间。

图 5-9　广东省佛山市美的总部大楼的亲水空间。生态湿地与薄水采光天井两类功能水景共同构建趣味亲水空间。

(1)   (2)

图 5-10 以建筑为主体没有明显景观特色的工业园（图 (1)：北京西沙工业园；图 (2)：宋庄都市产业园），图片截自 google 地图。

筑内的人从窗外眺望下来亦可以看到一片大面积的"桑基鱼塘"。虽然纵横交错的"基围"会给人一种迷宫的感觉，但设计又不乏对当代城市景观破坏乡土文化缺乏特色现象的反思。

除了城市中的商务景观，那些在城外郊野处拔地而起的工业园区似乎更有潜力将商业和景观结合到一起，因为从原则上讲，这些地块可以从项目伊始就进行整体规划以及风格定位。然而事实上，很多工业园区由于仍强调以工业以及商业发展为重点，对景观特色以及景观社会价值的重视还远远不足（图 5-10）。工业园的大量建设满足了中国作为制造工厂的客观需求，是"中国制造"的产业基地。中国工业园区建设的序幕从 20 世纪 80 年代中期拉开，并愈演愈烈，虽经过初步洗牌，但却依然长盛不衰。这里的工业园区是一个泛称，泛指国内有的经济技术开发区、高新技术开发区、科技工业园、保税区、软件园、民营科技园、特色工业园、科学城、技术城等众多名称类型。这些工业园

动辄几万亩、大的几十上百万亩、小的也有好几千亩。伴随着中国正在进行的产业转型以及人口红利的下降，中国的这些工业园该怎么建设，最终将何去何从值得深入商榷。

那些强调景观建设的工业园多以高科技产业为主，且整体而言在工业园中所占的比例并不高。北京中关村生命科学园是国内一个早期的、力图利用雨洪景观整合园区的设计（图 5-11）。该项目自 2000 年开始设计，并于 2002 年 10 月 1 日建成，园区景观建设的重点在于园区中心区的大型人工湿地系统。来自科技园各功能区排放的污水经集中后，被汇引至处理室进行处理，然后再与来自建筑屋顶和地面的雨水径流一起流入外围湿地，通过湿地植物充分接触进行初步自然降解，再顺地势汇入中部湿地以进一步净化处理。整个湿地系统构成了一个能够自我更新的、可持续的生态基质，成为高技术人员创新思维的源泉。在对植物景观丰富、拥有良好的动植物生境的中部湿地进行景观开发的过程中，穿插设置一系列的

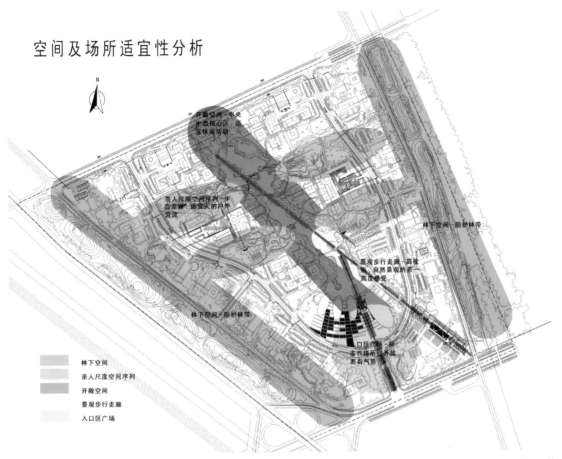

空间及场所适宜性分析

N

开敞空间-中央
生态核心区,适
宜休闲活动

亲人尺度空间序列-生
态走廊,适宜人的户外
交流

林下空间-防护林带

景观步行走廊-高视
线,自然景观的另一
高度感受

林下空间-防护林带

口区广场-标
志性场所,开放
而有气势

林下空间
亲人尺度空间序列
开敞空间
景观步行走廊
入口区广场

图 5-11 北京市中关村生命科学园景观的空间适宜性分析图。各种空间及景观通过合理布局,串联成开放空间体系,整合了整个园区的建筑与工作人员的休闲空间。

(1)

(2)

图 5-12 广东省佛山市美的总部大楼景观中心区。这里的水面、湿地、野草景观和休息设施等融为一体,相得益彰。(1)(2)

步行栈道，以方便附近居民亲水游玩。而园区内种植大量的乡土植物，形成的乡土景观氛围与高新园区的现代科技感形成对比，更能凸显乡土植物的自然朴实之美（图5-12）。该项目力求在集约成本的同时，创建生态效益高、景观观赏性强，并兼具教育功能的景观。尤其是在北京水资源严重不足的场地背景下，该项目采用人工湿地的建设与现代科技结合，共同实现对水资源的清洁再

利用模式，值得学习和借鉴。

广东省番禺市节能生态科技园是另一处具有明显整体景观特色与定位的工业园区。该园区旨在成为节能科技转换生产力的基地。项目首期用地 55.3hm²，二期规划用地 266.7 hm²。设计自2005 年开始，力求将人居生活、生态节能、资讯共享有机地融入景观的设计中，通过大量绿化、水景以及小尺度的、轻松的构筑物小品打破冷漠

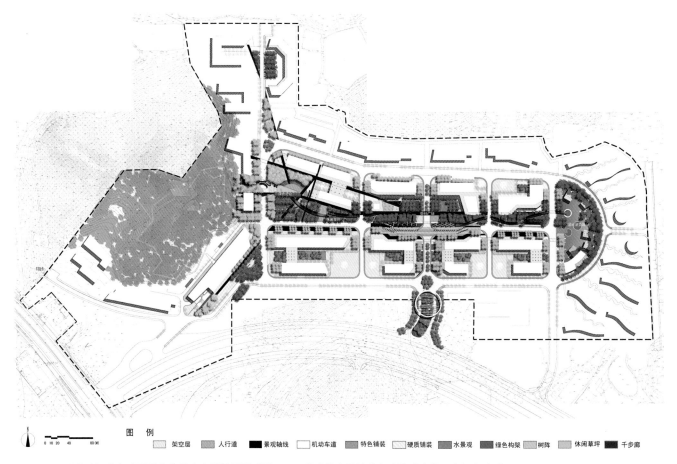

图 例

架空层　人行道　■景观轴线　□机动车道　特色铺装　□硬质铺装　水景观　绿色构架　树阵　□休闲草坪　■千步廊

图 5-13　广东省番禺市节能生态科技园景观平面图。景观整合设计成为建筑群中的一条绿色廊道。

的工业特征，为人们在快节奏的工作之余提供视觉上的愉悦（图 5-13，图 5-14，图 5-15）。同时，园内引入了太阳能、雨水收集、雨水花园、湿地湖等要素，把节能环保应用到景观的实际建造当中。同时在广场等主要的休闲场地中实现了局域网覆盖，既方便了人们在景观中的办公与休闲活动，也有助于聚拢人气。这片轻松、宜人的绿色空间能够令人忘却产业园区中一贯的刻板与枯燥。

图 5-14 广东省番禺市节能生态科技园景观鸟瞰。户外绿化、水景及轻松的构筑物小品带给人视觉上的愉悦感。

图 5-15 广东省番禺市节能生态科技园景观一隅。大量的水体和绿植能够有效缓解夏季亚热带气候的炎热。

第三节
商务景观功能：整合周边环境

整体而言，即便景观在当代中国日益受人瞩目，但景观在大多数商务区内还仅被视为"锦上添花"、"填缝之用"。例如，很多项目在运作分工和流程上还都采用"开发商＋商业策划＋建筑设计＋室内设计＋景观设计"的模式。这使得中国商业区的规划设计多以建筑为设计的起点与核心，以至于整合场地常常成为景观设计所要面临的首要问题，尤其是如何有效地整合周边复杂的人流、物流以及使用者的休憩空间。

深圳市罗湖区笋岗片区中心广场就是这样一处整理周边环境的案例。它于 2005 ～ 2006 年进行设计，2007 年动工。建设之前，该片区混杂着大面积的仓储、物流与批零商业空间，存在着比普通街区面积还要大的裸露空地（图 5-16）。设计充分利用当地的地形特色，以及场地的特殊需求，力图打造一个地下、地上有效整合的停车场和市民空间。结合原有的下沉广场，设计师在地下局部设立了小型展览和活动场地、公共洗手间等配套空间。同时，地上部分被设计成为一个活动广场，如同一张薄薄的膜，轻轻覆在已有的地下结构之上。在减少覆土厚度的同时，也提供了更为直接地进入地下空间的方式。广场上设计了 5 个各具不同主题的花岛，辟出了几个小尺度的宜人活动空间（图 5-17）。铺装路面的醒目肌理形成了强有力的方向感，对人们的活动形成了

图 5-16 深圳罗湖区笋岗片区中心广场鸟瞰图。广场周边混杂着大面积的仓储、物流与批零商业空间。

(1)

(2)

图 5-17 深圳罗湖区笋岗片区中心广场的小活动空间。这些空间风格与主题各异,为使用者提供不同的活动场所。(1)(2)

引导,以此把场地南北两侧的街道连接起来。由于整个地块的周围是区域性的物资仓储和物流中心,以及人才流动、交流中心,将这块长期闲置的用地转变为吸引人的市民空间和大型地下停车场,有助于人群的疏散分流、提升周围居民生活环境和商业环境,并有效促进了区域内的商业转型和空间置换。

北京商务中心区现代艺术中心公园是另外一处有效整合周边环境的场所(图 5-18)。该项目于 2004 年 11 月开始设计,至 2007 年 5 月基本完工。它地处北京市中央商务区(CBD),东望央视北配大楼、西对世贸天阶、南北与现代艺术走廊相衔,为百米高的"新城国际"、"光华国际"和"以太广场"建筑群所环绕。在设计中,被商

(1)

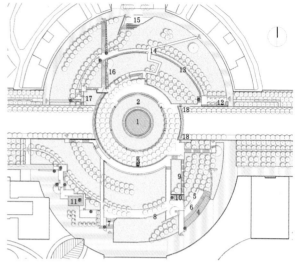

(2)

图 5-18 北京商务中心区现代艺术中心公园鸟瞰和总平面图。简单的几何形态语言重新整合架构了周边的功能秩序。(1)(2)

务中心东西街切割的公园通过一条巨型绿色步行天桥重新联合成为一个整体，形成了南区、北区和中心平台区的格局，使得南北公园摆脱了简单意义的连接，塑造了真正的、可供集散的城市公共空间，同时也是当地社区的活动场所，为周边居民提供了一个温馨和谐的休闲、消费场所（朱育帆，姚玉君，2008）。该设计用几何形态语言对场地平面进行划分，以形成新的形态结构秩序，

(1)

(2)

图 5-19 北京商务中心区现代艺术中心公园的理想空间。"都市伊甸"通过林与泉的景观组合带来灵动的感官体验。(1)(2)

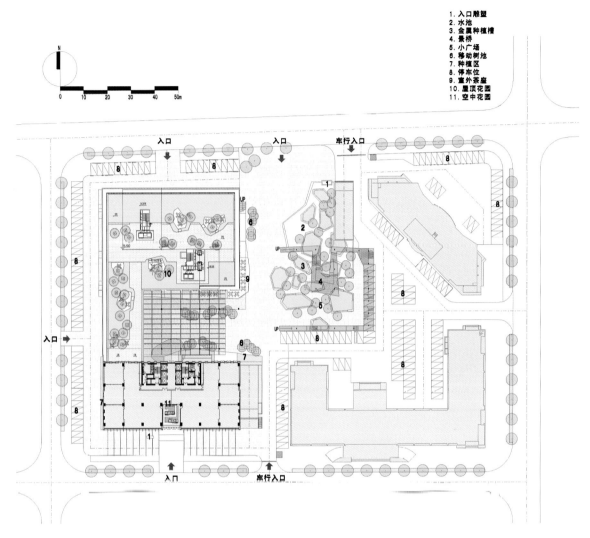

图 5-20 深圳中科研发园街头公园总平面图。该公园为多层办公楼与高层写字楼所包围。

即一个通过"几何分形"围绕圆形核心向外螺旋渐开的场地布局。极其简单而现代的设计手法有效地构筑了一个坐落在 CBD 中的"都市伊甸园"（图 5-19）。

深圳中科研发园街头公园景观设计的主要目标之一也是整合场地，尤其是解决场地内部的交通问题。它位于深圳南山高新技术区南区深圳中科研发园，身处新旧混杂的多层办公楼与高层写字楼包围之中。场地内地形变化丰富、标高复杂；周围的交通流量大、流线复杂；边界与形态模糊，周边多家单位停车问题复杂（图 5-20）。结合场地现状问题，设计师选择以景观桥为空间主体，高低错落、蜿蜒曲折，贯穿起场地内的大部分空间。桥面空间缩放有序，形成不同尺度的踏

图 5-21 深圳中科研发园街头公园鸟瞰图。景观桥将离散空间串联起来，丰富空间体验。

面空间，实现了交通和休憩空间的分割，杜绝了空间使用中可能产生的矛盾（图 5-21）。同时充分利用景观桥形成的桥下空间，围绕桥体组织交通流线、串联起离散空间，引导并缓解了周围混乱的交通压力。桥体四周无规则布置的形式各异的水池与植物种植容器则赋予了景观更多的不确定性，为人们带来更丰富、更生动的景观体验（图 5-22）。在场地面积有限、场地内标高复杂、外围空间混乱无序的情况下，营造出实用的、积极的、有魅力的城市公共空间成为该项目的亮点。

即使景观能够在后期弥补空间上的一些不足，但如何打破现有的商业开发模式，尽早使景观提前介入，进而从根本上解决商务环境的整体性更加值得思考。商务景观的功能更多的应该是构建完整的自然与人文功能体系，而不是只局限于美化、点缀、提升和整合。景观的提前介入能够帮助扭转商务景观常常只重视人工环境建设而忽略自然环境再造的现象，避免在改造过程中人为破坏自然环境——例如，砍去许多被认为是阻碍交通、遮挡视线的大树等行为。同时也能进一步强化商务景观的人本意识，加强景观的实用性——例如，设置更多的座椅、饮水池等设施以及儿童活动空间和休息区。因为即使商务景观再整洁漂亮，每当节假日来临时，商业街道上随处可见的席地而坐的游人总会让人有美中不足之感（图 5-23）。

除形象塑造以及整合周边环境的功能之外，商务景观其实还可以承载更多的生态以及社会功能，例如上文提到的中关村软件园就是对于湿地景观应用的积极探索，番禺节能科技园景观也对大量生态节能途径进行了大胆尝试。但整体而言这些功能在当代中国的探索与应用尚不普及，虽然未来这些功能将成为设计以及行业发展的重点。而前沿方面的探索在中国常常是私人企业更为敏锐。位于东莞市的万科住宅产业化研究中心的定位就是进行建筑材料、低能耗，以及生态景观相关方面的研究基地。在景观方面重点研发生态材料在未来地产项目中应用，例如预制混凝土模块、不同类型的透水材料、植物配植等。此外这个项目最重要的是要探索如何将景观的艺术与生态结合起来，使生态景观成为可供欣赏、教育和参与的场所。项目于 2010 年正式启动，2012

图 5-22 深圳中科研发园街头公园的景观桥。蜿蜒曲折的景观桥贯穿相接场地内的大部分空间，桥体四周的种植池与水池交相辉映。

(1)

(2)

图 5-23 常见的商业步行街景观。这里的景观要素主要体现在雕塑小品、装饰树木、盆花、座椅等。能够被人们所利用的空间，尤其是座椅等似乎还是严重不足。(1) (2)

第五章 商务景观　145

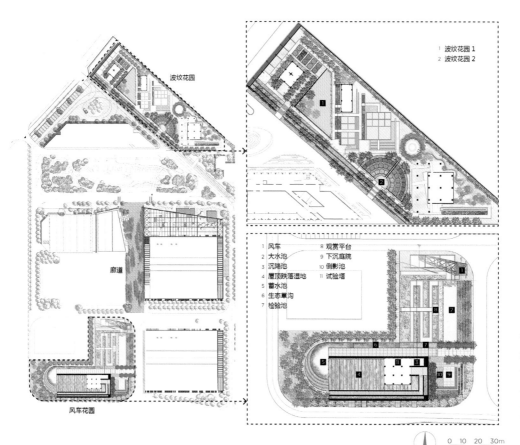

1 波纹花园 1
2 波纹花园 2

波纹花园

廊道

风车花园

1 风车	8 观赏平台
2 大水池	9 下沉庭院
3 沉降池	10 倒影池
4 屋顶跌落湿地	11 试验塔
5 蓄水池	
6 生态草沟	
7 检验池	

图 5–24 广东省东莞市万科住宅产业化研究基地景观平面图。景观设计部分虽分散在两个地块，但却因地制宜地兼具生态的雨洪管理与良好的视觉体验。

0 10 20 30m

(1)

(2)

图 5–25 广东省东莞市万科住宅产业化研究基地景观中的雨水管理。雨水管理中融入景观设计以及植物种植，水顺着地形以及梯级台地逐层而下。(1)(2)

年大致完工，包括 3 个方面的核心内容：预制混凝土模块的研发与应用；景观生态水循环处理系统的展示；景观生态材料与手法的实验与应用。该场地是一处兼容活动、生态、形象及教育功能的设计实验。它通过对可持续景观材料的应用进行研究，在雨水管理中融入景观设计以及植物种植，营造出了具有展示和示范作用的场所（图5-24，图5-25，图5-26）。同时该项目的定位是动态的，可以进行观察、进行后续修改。这个实验性项目希望通过不断地观察与总结摸索出一套适宜于中国当前技术、经济状况的低能耗生态景观设计手段。

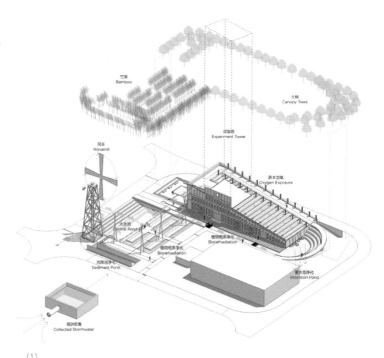

(1)

(2)

图 5-26 广东省东莞市万科住宅产业化研究基地景观的雨洪处理系统。该景观通过跌水加氧、蓄水池净化、植物精华以及沉淀池净化等一起构建了场地内的雨洪处理体系。(1)(2)

图 5-27 北京市左右间咖啡馆庭院景观。院子中间的新建筑在"有保留消失"。

除了大尺度的开放性商务景观以外，一些较小尺度的商务景观更注重特色体验环境以及消费空间的氛围营造。例如位于圆明园东门北侧的左右间咖啡馆，基地内原有坡顶单层建筑（20 世纪70 年代建）12 开间，分 9 个自然间，互不连通。通过将内部空间与前、后院空间的关系重组以及建筑前院场地内置入新功能建筑的设计，将左右间打造成彼此独立又不乏空间流动的咖啡间。左右间设计中使用了多种常见材料，但工艺做法不同，利用人们对不同材料的情感记忆帮助体验者完成对空间的体验和解读。外表皮为镜面不锈钢，利用对周围环境的反射达到与环境的融合；透明屋面透过的天光及水中游动的锦鲤的美，都为屋内及屋面平台上的使用者带来全新的感受（图5-27，图 5-28）。

图 5-28 北京市左右间咖啡馆庭院景观一隅。双层密排竹篱笆墙和架空的木平台在材料质感上呼应自然，有竹子的遮挡，很好地限定了一个相对的私密空间。

图 5-29 天津市意大利风情区景观。它展示了一个世纪前国外租界地的现代新风情。

第四节
旧城商务景观模式：绅士化的代表

与大量新建成的商务景观相比，那些在原有旧城居住区或者工业区内改造而成的商务景观的自身特色更加明显。历史的长河为当代中国遗留了来自各个时期的建筑与景观痕迹，它们获得价值提升的重要途径之一就是被改造为商务景观，尤其是商业步行街，或者创意产业园区。但在这样的改造中往往建筑决定风格，景观尚是配料。

中国第一条现代意义上的步行商业街源于1980年苏州观前街的开辟，它以原有建筑为主体进行改造，在短时间内成为我国各地更新旧城商业街道的一种主要模式（徐默诵，2007）。中国从此进行了现代步行商业街的大规模建设，并伴随着旧城中心商业区的改建和整治，一种类似于西方购物中心的步行街形式逐渐成形，在全国各地纷纷涌现，如哈尔滨中央大街、北京前门商业街区、福州商业城、重庆南坪商业城等。另外，对历史文化名城的保护与建设促使一些具有历史悠久的传统商业活动中心重新焕发活力，如北京琉璃厂、上海豫园商城、天津古文化街（图 5-29）等，引发了一阵"复古"风潮，这些传统商业活动中心的复兴在不同程度上反映了人们价值观念的变化。

创意产业园区常常立足于那些建国初期建设在市中心而如今被闲置弃用的老旧厂房，其中早期比较典型的案例就是北京的 798 文化产业园

(1)

(2)

(3)

图 5-30 北京市 798 (1) (2) 和上海 M50 (3) 内的场景。这里是艺术与工业景观的创意结合。园区内保留的老工业设施、广场、雕塑以及创意围栏等，融合着艺术与生活。平凡简单的设计中透出新意与时尚（王润滋和韩爽摄）。

以及上海的 M50（图 5-30）。798 艺术区原为国营北京第三无线电器材厂厂址，于 2002 年开始对外出租，逐步形成一个独具特色的艺术区。虽然这些老厂房区的改造在一定程度上存在向心性，对室外景观重视不足，但整体而言还较为成功。也就是因为它们的成功，这些场地的商业价值会不断提升。伴随着租金的上涨，"798" 创意产业园区如今已经失去了其开创初期的艺术创作氛围，而是演变成了一个庞大的艺术品集贸市场，在功能上发生了巨大变化。

如果说上海的 M50 和北京的 798 创建之初还是将艺术创作为其主体功能，那么四川省成都市的东区音乐公园则是从一开始就旨在成为一座力图玩转市场、在工业旧址内新生的中国首个音乐体验主题公园。它虽名为"公园"，但整体上却是一个创意园区，其内部确定了三大建设目标，分别为音乐消费商业街区、数字音乐企业集聚园，以及音乐人才培养基地。其园区的愿景是成为像伦敦西区以及纽约百老汇一样的戏剧中心、表演艺术的国际舞台。该公园一期工程已于 2011 年 9 月 29 日正式完工。这些由老厂房改造而来的场所给人一种熟悉又新奇的景观体验：沉淀了情感记忆的红砖墙、极具工业符号感的烟囱管道、冷酷却也敞亮的工业厂房，以及那些枝繁叶茂高大的桉树和梧桐，再加上现代艺术对于这些工业符号的装饰、提升与重组，成都东区音乐公园的景观展现了老工业旧址的涅槃再生（图 5-31，图 5-32，图 5-33）。在音乐产业的核心动力下，这一区域将逐步发展成为一个集商务、休闲、娱乐为一体的新形态商业街区。

(1)

(2)

(3)

图 5-31 四川省成都市东区音乐公园的建筑装饰。工业时期的管线、轮子、门窗等成为音乐公园独具特色的装饰符号，表达出现代艺术魅力。(1)(2)(3)

图 5-32 四川省成都市东区音乐公园实景。20 世纪的普通工业化场景与表演艺术的国际舞台的角色置换（王惠民摄）。

图 5-33 四川省成都市东区音乐公园的景观一隅。现代雕塑与工业背景折射了这里现代休闲生活与工业基地的融合。

图 5-34 绅士化十足的上海新天地。它以中西融合、新旧结合为基调，将传统里弄与充满现代感的新建筑融为一体。景观基调依然局限为建筑立面围合下的点缀（杨丽娜摄）。

图 5-35 上海新天地内的水景观。现代、抽象、颇具诱惑力却又拒绝让人亲近。

概括而言，中国多数旧城商务景观的改造与发展，尤其是那些成功的改造案例大都和美国常见的城市中心区"绅士化（gentrification）"有着异曲同工之处。这些场地大多为具有地方特色的老建筑群，但在改造前却居民混杂，生活条件较差。而改造之后，这些地段及其周边区域的价值及氛围一般都得到了极速提升。这其中最为典型的就是 2000 年完工的上海"新天地"。它立足于"石窟门"弄堂平民住宅这处被遗忘的上海特征空间，通过对周边消费潜力的分析与挖掘，将其变为一处非常具有活力及娱乐性的场所（图5-34，图5-35）。这里为消费者提供了来自世界各地（美国、法国、英国、意大利、日本等国家和地区）的多种风情与时尚消费空间——诚然，批评者常常会指责改造后的场地已令中国元素荡然无存——新天地一改场地原有的破败潦倒的上海底层市民生活环境，创造了一个"绅士"神话。

第五节 小结

用"质的改变"来形容当代中国商务景观的总体变化一点也不为过。当代中国的商务景观在短短 20 年左右的时间里实现了飞速发展，很多地方尤其是大城市的现代商务景观已经赶超国际一流水平，许多欧美国家的商务人员已经感觉不到中国与国外的差别（在没有雾霾的日子里）。当下，国家政府以及主流媒体都在探讨人口红利逐渐下降后，效法国外的"中国制造"能否走向自主研发的"中国智造"，且不论最终的结果如何，这种思路与改变正逐步成为国人为之奋斗的目标。而作为自主研发的一部分的商业景观，正变得更加回归本我，并注重自身的功能需求，而非再一味地模仿照搬西方的形式。潜在的变化方向可以概括为以下几点：

回归中国特色？即使所有的商业活动和交

流都变得日益国际化,但其所依赖的景观背景却没有必要如是。因为中国拥有自身独特的气候特征与文化氛围,以及属于中国人的工作与购物习惯。商业活动的景观载体没有必要从国外直接照搬。诚然,受到"崇洋心态"和猎奇心理的影响,加之欠缺思考与尝试,中国目前的商务景观存在复制国外较为成熟完善的商业景观的现象(图5-36)。中国未来的商务景观建设将会逐步对这些问题进行反思,积极立足于"自主研发"的主导思想,构建具有中国人文特色的商业文化。这种商务景观不仅应该是交易的绿洲,也应该是生态的绿洲、文化生活的绿洲。商务景观服务的不止于财富,也不是单纯的形象打造,而是应深层次地思索场所如何能够承载更多实际功能,更好地服务于人。

强化生态本底? 大多数当代中国商务景观对于生态本底严重忽视,因为这种景观的服务对象是一个以利益为主导、以金钱为取向的特殊群体。

图 5-36 某处奥特莱斯景观。这里的一切,从产品到景观都全面从西方搬来。

更尤甚的是,中国制造以中国的资源与人力为代价,经济腾飞的同时也酿就了环境恶化的后果。未来的商务景观将不得不直面这一问题,思索更可持续的景观发展模式,以自然资源保护为要义,以循环产业为发展目标,以各种生态技术为依托,构建商业经济与生态环境和谐共生的发展模式。

开放性设计? 中国的商务景观在使用方面具有鲜明的自身特色,那便是使用高峰与非高峰时段的剧烈波动——这种波动差异之巨大是世界上多数国家不可比拟的。中国人口众多,且商务活动之地大都比较集中,这使得大部分商务空间都面临着上下班高峰或节假日购物潮的压力。如何来应对这些高峰人潮是摆在设计师面前的巨大设计挑战。与此同时,那些流于形式与形象提升的景观则可以被改造为开放的景观系统,使之兼具装饰与实用功能,以更好地应对中国商务地区的涌动人潮。

整合工作与生活? 无论是旧时"前店后家"式的传统商业,还是改革开放前的单位大院,中国人都有将工作、生活与商业兼容在一起的传统(图5-37),而这种传统应该进一步延续,没有必要一味地将这些不同的功能剥离开来。事实上,当代中国的多数商务区也都采用混合型,其周边有大量的居住区,这使得其中的很多空间都能够称为居民日常交流的场所,而很多商务景观的设计可能在对这些需求的考虑还尚欠缺。如何在不同的时段引导不同人群的使用,解决不同人群间在空间使用上的矛盾,并营造适合各种人群的、亲切宜人的空间将是未来中国商务景观发展不可回避的议题之一。

(1)

(2)

图 5–37　北京三里屯 SOHO 夜景。都市霓虹灯下的三里屯将时尚元素与休闲生活融合为一体。这里既是购物的场所，也是周边居民的游乐空间（王润滋摄）。(1) (2)

　　引领中国生活？商务区往往是引领消费及生活方式的先锋场所。正因为如此，商务景观要传达出怎样的精神、引领怎样的生活方式就变得至关重要。是奢靡浮华还是节俭朴素？是标新立异还是收敛中庸？这些是商务景观从一开始就应该思索并定位的基调。中国快速的城市化进程已经开始进入一个反思与调整阶段，而之后商务景观也应该逐渐去引领属于中国人的、能让浮生沉淀的生活方式，这种生活方式应该是质朴的、集约的、平和的、向上的、热情的……

第六章
游憩景观

　　游憩景观在中国可谓历史悠久，最早可追溯到3000多年前周文王修建的"灵沼"和"灵囿"。《周礼》中详细记载了"囿游"之事，描述了最早的园居生活。"灵囿"（图6-1）里有山、水、植物、鱼、鸟、兔子、鹿等供上层人士游乐，老百姓也能进去砍柴、钓鱼、狩猎等，这些场景在《诗经》、《孟子》中都有描述。时至今日，从国家对风景名胜区、度假区以及历史文化名村的保护与评选，再至各地主题公园、休闲农业园、乡村游憩景观的自发建设，当代中国的游憩景观已经不仅仅是上层人士的游乐，也日益成为大众休闲生活的一部分。与前一章商务景观不同的是，游憩景观的服务主体对象总体上实现了一个由上而下，一个走下圣坛回归大众的过程。当代中国游憩景观以服务人民大众为宗旨，呈现多种建设和管理模式共存的状态：既有以国家为主导的保护、开发与管理模式，也有民众的自主经营管理模式；既有以规划设计为主导的发展模式，也有大量业主甚至是农民的自主建设模式。

图6-1 周朝"灵囿"。3000多年前天然草木与鸟兽在这里繁衍生息，供帝王贵族进行狩猎、游乐。

第一节
基本背景

日渐平民化的游憩需求

改革开放带来的经济飞速发展和居民收入提高是游憩需求日益平民化的主要动力。在此之前，中国多数度假区都是官办的，中国恩格尔系数（居民在吃上花的钱占总收入的比重）达到55%以上，旅游活动大都由单位统一组织进行。改革开放以来，居民收入持续增加，2008年中国城镇居民的恩格尔系数已经下降到37%左右，这为人们在节假日的出门旅游提供了坚实的经济基础。全球著名传媒机构尼尔森公司的调查显示，近年来中国消费者的个人收入年均增长10%，超过半数的消费者计划把节余的资金花在休闲旅游上。13亿中国人中，大部分已经开始从温饱小康型消费向享受体验型消费过渡，由此引发的中国大众旅游，其潜力是非常惊人的。

"黄金周"的促动作用

法定节假日的增加对游憩发展起着至关重要的推动作用。新中国成立后中国有两次重大的休假制度改革，一次是 1995 年，开始实施双休日制度（之前中国人都至少一周工作六天）。另一次是 1999 年，中国国务院公布了新的《全国年节及纪念日放假办法》，决定将春节、"五一""十一"的休息时间与前后的双休日拼接成 7 天的长假。这个被称为"黄金周"休假制度的实施开创了中国旅游业发展的新局面。从第一个黄金周开始，中国的旅游业就呈现井喷式发展，平日积累的中远程旅游需求瞬间释放。这一制度虽然在 2008 年又有一次调整，但它对中国人休闲游憩的影响并没有发生太大变化。

居民收入的提高、闲暇时间的增多以及前文提及的消费主义势头一起推动市场需求的迅速增多，促使中国的游憩行业呈现出一派繁荣景象，甚至出现"黄金周"期间景区游客爆棚、高速公路拥堵、旅游资源承载力达到极限的状况。尽管如此，中国人的游憩需求似乎远未得到满足，游憩景观尚有很长的路要走。

巨大的需求促使游憩景观正处在快速地更新换代和发展当中，与此同时，游憩景观的高度综合性和关联性使得景观、规划、地理、旅游管理等多领域的专业人士都在争抢这块"蛋糕"，游憩景观也逐渐成为多学科综合协作的成果。

当代中国游憩景观的发展变化主要体现在以下几个方面：立足于风景资源优势的风景名胜受到高度重视，其发展日成体系；以满足国人休闲需求为目的的度假景观呈现出精细化、个性化及多层次化发展；那些为了满足人们猎奇、刺激和消费需求的主题公园则层出不穷，不断更新换代；同时，一向以生产生活为目的的乡村景观正日益向乡土游憩景观过渡。景观规划设计在不同场所中的参与深度与广度则形式多样，即受资源类型以及资源优势的影响，又受游憩定位以及投资力度的限制。

第二节
风景名胜：日成体系

地域广阔的中华大地所蕴含的大量独特风景资源首当其冲成为人们观赏游憩的场所，中国划定了一系列不同等级的风景名胜区，并建立了一整套风景名胜区管理体制，用于管理建设这些宝贵的风景资源。

风景名胜区专指那些具有观赏、文化或者科学价值，自然景观、人文景观比较集中（图 6-2），环境优美，可供人们游览或者进行科学、文化活动的区域（风景名胜区条例，2006）。风景名胜区集中了我国最为独特、珍贵的自然与文化遗产资源，其难以估量的价值是其他类型旅游资源无法媲美的，对具有游憩需求的人们来说有很大的诱惑力。多数中国人在开始进行旅游消费之初，首要选择都是去这些著名的景点。

风景名胜区的发展变化对中国的生态保护和文化传承都有举足轻重的影响。严格保护、统一管理、合理开发、永续利用成为我国风景名胜区的基本工作方针。风景名胜区体制相当于国际上通用的国家公园体系，目前中国也正在探索成立

四川省九寨沟风景名胜区

河南省嵩山风景名胜区

云南昆明九乡风景名胜区

图 6-2 各类风景名胜区。遍布在全国各地的风景名胜区代表了中国最为独特、珍贵的自然与文化遗产资源。

中国的国家公园体系，2008 年的黑龙江汤旺河国家公园就是一个试点，但整体尚未完成。1982 年，国务院公布了全国第一批 44 处国家级风景名胜区，真正开始了中国风景名胜资源的国家保护历程。到 2012 年为止，国家级风景名胜区增加至 208 处，另外，各省级人民政府也纷纷审定公布省级风景名胜区，目前全国成立了省级风景名胜区 701 个。

许多有代表性的风景名胜区常常也归属于林业部下的"自然保护区"。自 1956 年中国全国人民代表大会通过建立自然保护区的提案后，中国自然保护事业逐步发展。1994 年 10 月 9 日中华人民共和国国务院发布的《中华人民共和国自然保护区条例》进一步推进了自然保护区建设的步伐。截至 2010 年底，林业系统内的自然保护区已达 2035 处，总面积 1.24 亿公顷，占全国国土面积的 12.89%，其中，国家级自然保护区 247 处，面积 7597.42 万公顷。自然保护区可以分为科研保护区、国家公园（即风景名胜区）、管理区和资源管理保护区 4 类。严格意义的自然保护区为科学研究而划定，通常人迹罕见不需要设计，而广为大家所熟悉的很多地方则常常既是自然保护区又是风景名胜区。这类区域的设计总体要求也是以保护为主，在不影响保护的前提下，有机结合科学研究、教育、生产和旅游等活动，充分展示自然优势地带的生态、社会和经济效益。

在风景名胜区景观保护性利用过程中，科学系统规划是影响最大的决策之一。实际上，当代中国最早开始进行的风景区规划多为单个项目的零星规划，且前期效果参差不齐，有以点带面的之嫌。2000年实施的《风景名胜区规划规范》第一次系统地从风景资源评价、分区与布局结构、风景游赏规划、典型景观规划、游览设施规划、居民社会调控规划、土地利用协调规划、分期发展规划等方面分别提出了相应的技术要求。这之后，单个风景名胜区的规划变得更为规范理性，且社会整体而大家对于风景名胜资源的规律和特征的认识也在科学层面（生物多样性、植被类型、景观格局、土壤、地质等）、美学层面、哲学层面等方面得到不断提高，风景名胜区体系也开始受到重视。2002年贵州省风景名胜区体系规划(图6-3)是我国编制较早的省域风景名胜区体系规划，它从现状问题到未来愿景都提出了明确的框架与相应措施，是具有开创性意义的一部旅游发展战略规划。在贵州省的影响下，一些风景资源大省、直辖市，如四川、黑龙江、北京、西藏、福建、山西等也先后编制了风景名胜区体系规划。

在风景名胜区景观中，设计的作用虽然重要但并非核心范畴，因为这些地方原有的景观大都极具特色，原则上不需要经过重新设计，尤其是国家级的风景名胜区。以保护性开发为核心的风景区设计多在做一些辅助性的管理维护工作，例如通过路径引导及其他设计手法进一步凸显地方特色、强化游人对于风景名胜的体验等。设计中尽量保留地方风景资源特色，通过疏导人流等方式为游憩活动的展开提供必要的服务设施（图6-4，图6-5）。

吉林省长白山国家自然保护区步行系统及休息点规划设计，很好地体现了设计在自然保护区内的作用。该规划强调自然保护区的景观一定要

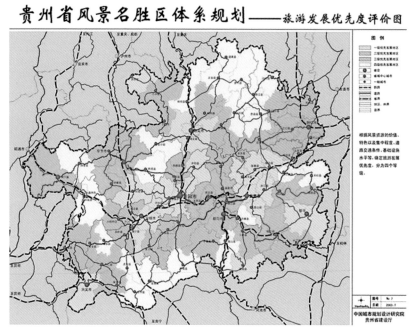

图6-3 贵州省风景名胜区体系规划图（中国城市规划设计研究院）。风景资源依据标准被分为四个等级。

图6-4 河北省坝上七星湖景区的木质栈道。该栈道的主要功能是引导人流、提供休息区域并限定人群活动的范围以缩小游客带来的环境影响。

尊重自然、保护自然，在详细调查资源的基础上进行设计，不露人工痕迹，利用自然、服从自然，将自然美景科学合理地展现给游客。为了能够体现长白山的地域特征，充分表达对大自然敬畏的态度及赞美与感激之情，建筑设计体现为"从自然环境中生长出来的建筑"和"在白桦林中消失的建筑"，以自然山形作为建筑语言，将大体量的建筑打散，弱化建筑体量和环境的反差，建筑不显突兀、高耸，而是作为地形的一部分掩埋于树林里，自然地出现在场地中（图6-5）。同时，

(1)

(2)

图6-5 吉林省长白山国家自然保护区北坡门区步行道系统。其主要功能为引导客流并提供休息区域。(1)(2)

(1)

(2)

图6-6 吉林省长白山国家自然保护区滑坡区栈道廊桥。造型现代且不干扰当地的自然环境。(1)(2)

景观方面的设计采取就地取材、利用本地植物营造天然景观环境的手法，充分考虑总体规划，加强环境与建筑的对话和协调统一，即建筑是景观的建筑，景观是建筑的景观，在自然中稍加整理，设计后的长白山力求达到山还是那座山，林还是那片林的最高境界。建成的步行系统及休息点直接完善了长白山的游览体系，在减少对自然干预的基础上提升了游人的游览体验（图6-6～图6-9）。

图6-7 吉林省长白山国家自然保护区的景点标识。这些标识利用当地的木材石头建设而成，和环境融为一体。

图6-8 吉林省长白山国家自然保护区内温泉群栈道休息点。游客从这里可以远眺周边的景色。

图 6-9 吉林省长白山国家自然保护区的登山步道。其设计和施工遵循了可持续性发展原则,集健身和游览功能于一体。步道的路线犹如一条链绳,将沿途散落的像珍珠一样的自然风光连成一体。

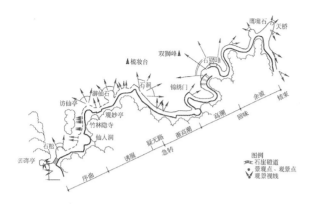

图 6-10 江西省九江市庐山风景区的景观序列。该景观序列充分挖掘了庐山的自然底蕴以及历史文化遗迹。

图 6-11 浙江省杭州市西湖风景名胜区的湖心岛。那处以石碑为框的刻字是想要表达一种风月无边的浪漫境界，因为这是一处可以恣意听风、静心赏月的佳境。一旦不能理解此意境，那石头上的二字就变成奇怪的"虫二"。

位于长白山北向旅游路线起始点，是进入保护区的重要中转站。长白山北坡门区步行道系统，主要为登山的游客提供休息，办理手续，换成环保车辆的空间。在设计中将建筑前广场与长白山的自然环境相融合：将蔓延生长的树枝抽象成为在丛林中穿行的木栈道，让游客一下车，走上木栈道就能感受到长白山的气息，预先体验在丛林中穿行的感受。

如果说中国的风景名胜区规划设计与国外有什么区别的话，那应该就是对景观象征和意境的追求，这是深受中国传统文化以及古典园林手法影响的结果。在当代中国景观中，尤其在这些有着突出人文特色的风景名胜区里，很多设计师依然试图在其中融入古典意境体验的景观序列（图6-10），和传统园林对意境的追求有许多相似之处，其中不乏许多气韵十足的场所名字，如林海听波、杉木幽径、万壑争流、丽堤春晓……不过在"现代主义运动"和"白话运动"的影响下，人们普遍接受西方文化，告别了诗词歌赋、亭台楼阁的岁月，使得有些地方的意境无法被细细体味。例如，图6-11所示的"风月无边"之意境可能已经远超大多数中国人的理解能力。诚然，即使在古代，意境仿佛也是文人雅士们的追求。即便如此，传统文化依然是中国人骨子里不可或缺的一部分。

中国的风景名胜区发展走过20多年，期间也遇到过各种各样的问题，尤其是景区的商业性倾向建设。伴随我国市场经济体制改革的深入，我国景区管理制度经历了一个由公益性管理向经营性管理的转变，景区的资源优势很容易被视作获取利润的筹码，在规划设计中套用城市或者旅游区的发展模式，把城市广场、豪华宾馆等元素搬到风景区来，从而破坏生态，破坏环境，直接危及资源的存在（郑淑玲，2000；仇保兴，2006）；但整体而言，风景名胜区的建设和推广以自上而下的方式，有效地保护了优势资源、保存了我国的生物多样性、保留了局部地区独特的山水文化、丰富的民族文化及其环境，是值得推崇的（图6-12）。

(1)

(2)

图6-12 云南省西北部的三江并流风景名胜区。独特的地理位置和地貌条件让这片不到国土面积0.4%的景观提供了占全国高等植物种数20%以上、动物种数25%的生物栖息地。三江并流风景名胜区的典型性和唯一性让它成为具有世界性价值的独特自然奇观。(1)(2)

第三节
度假景观：类型多样

如果说风景名胜多是观赏保护型景观，那度假景观则可以定义为是休闲游憩类景观。景观规划设计在度假景观中的作用与角色要远大于风景名胜，因为度假景观对风景资源的依托性要低于风景名胜，并且其在人文活动空间和基础设施方面都需要进行大量的规划设计与建设工作。

当代中国的度假景观建设直至1992年都没有太大起色。改革开放前，大部分度假区都是官办型，以疗养、治疗和保健为主，基本上属于福利性质。单个度假区的开发规模一般都比较小，景观类型也较为单一，基本上是依山就水、见缝插绿的建设方式。改革开放以后，珠三角地区兴起了第一批以经济效益为主要目标的旅游度假区，康体休闲活动项目迅速增多，但总体规模偏小，整体上依然处于发展雏形时期。为改善我国度假旅游产品落后的状况，1992年，国务院批准

建设12个国家级旅游度假区，这逐渐成为我国旅游产品由单一观光型向观光型与度假型相结合模式发展的转折点。到2009年，包括12处国务院批准试办的国家级旅游度假区，全国各地省级以上旅游度假区已达到149个。大量民间集资开发建设的度假村、度假酒店、度假别墅以及"农家乐"等度假项目更是遍及大中城市周边和东部地区的广大乡村（张树民，邬东璠，2013）。

目前，我国度假区的发展建设不但在数量上有突破，也开始注重给予游客丰富的体验、高效的管理和完善的服务设施等方面。虽然在空间分布上依然更多位于长三角、珠三角两个经济发达、交通便利的地区，但全国各地都有不同程度的发展，景观也随地点以及定位不同而各具特色（图6-13，图6-14，图6-15）。

不仅仅是在自发建设的乡村以及郊野度假场所，景观规划设计在大部分度假区的开发以及建设过程中都起着至关重要的作用，尤其是在协调开发与保护的关系以及塑造宜人空间方面。广东

(1)

(2)

图 6-13 传统特色度假区的新时代发展。北戴河海滨地处河北省秦皇岛市的西部，清政府时期就是"各国人士避暑地"。新中国成立后，北戴河又新建了不少服务于国家以及单位的休养所、疗养院、饭店、宾馆等。时至今日，这里依然是中国设施比较齐全的海滨避暑胜地，气候宜人，沙软潮平，且背靠树木葱郁的联峰山，自然环境优美。(1) (2)

(1)

(2)

图 6-14 郊野里的闲情逸致。位于北京怀柔的山吧依山而建，古朴的木屋以及农家菜成就了独具一格的郊野度假场所，满足了当代中国人寻求野趣的渴望。(1) (2)

(1)

(2)

图 6-15 现代豪华的综合度假胜地。位于海南的亚龙湾国家旅游度假区拥有得天独厚的热带自然条件：银色的沙滩，清澈的海水，绵延优美的海滨，未被破坏的山峰和海岛上原始粗犷的植被。同时又建设有豪华别墅、会议中心、高星级宾馆、海上运动中心、高尔夫球场、游艇俱乐部等休闲度假项目。(1) (2)

省惠州市龙门县南昆山十字水生态旅游度假村的设计就有效地融合了生态保护和景观开发，并立足乡土文化、实现中西合璧的景观营造。

南昆山自然保护区位于马鞍山森林公园内，园内生态系统完整、动植物资源丰富，有超过1300种植物和超过30平方公里的竹林。度假村选址在距离南昆山镇1km的半山腰，沿用因有两条溪水交汇而得的"十字水"之名，可使用面积约占 166.7hm² （图6-16）。

十字水生态旅游度假村运用合理的规划设计理论与手法，既充分尊重了场地，又挖掘出了地方特色。设计师首先考察了当地山水资源特点，对水采取净化后再利用的方式，将经高标准水质净化和污水处理技术处理过后的污水

图6-16 广东省惠州市南昆山十字水生态旅游度假村总平面图。该度假区依山就势的建筑开发布局充分尊重了场地特征。

图6-17 广东省惠州市南昆山十字水生态旅游度假村的吊脚楼。运用当地材质建造的吊脚楼既顺应了地形的变化，又格外自然质朴。

图 6-18 广东省惠州市南昆山十字水生态旅游度假村的景观细节。竹子材料的建筑与周边的景观融为一体（大）。

图 6-19 广东省惠州市南昆山十字水生态旅游度假村的室内外景观。内外空间互相渗透，体现了传统与现代建筑技术的结合。

作景观用水，很好地维护了这片土地的健康水循环。在规划层面，设计师通过实地调研全面了解了当地自然生态后，运用地理信息系统等高科技软件先确定可建设区和不可建设区，以尊重当地生态为基本理念进行用地规划。最终结果是将所有建筑都采用低密度方式独立建造，不占用天然植地森林；地势起伏处均采用架空或吊脚楼工艺（图6-17），避免由于挖山取土带来的水文状况和原生地貌改变。

在场地设计的过程中，设计师运用了中西合璧的设计理念，将西方度假理念与中国建筑和当地人文有机结合，营造出一系列具有地方特色和时代色彩的建筑和景观（图6-18，图6-19）。设计师娴熟地运用中国古典造园理念、当地的风水堪舆理论和客家乡土文化，对很多景观细节的处理也十分巧妙。例如对原生态的设计材料——

竹木、陶土、石材、乡土植物等几乎百分百的利用，带给游客最纯粹的游赏体验。不仅很多材料可以取自自然，还可以将之前废弃的夯土墙、瓦屋顶、旧枕木等等拆卸后实现废弃资源的循环利用。

十字水生态度假村最大的可借鉴之处在于保护生态景观的同时带动了当地经济发展，实现人与自然环境的和谐互助，在展现自然之美、平凡之美的同时，引入西方现代休闲理念，可谓中西合璧，顺应潮流。

不仅旅游度假区重视整体景观环境，很多度假酒店也非常注重景观环境的营造，尤其是怎样利用景观规划设计营建和谐、本土的景观氛围。如广州长隆酒店二期建设通过模拟生境，营造出人与自然和谐共生的山水园林主题度假模式。长隆酒店位于广州市番禺区大石迎宾路，与原长隆酒店、长隆欢乐世界、香江野生动物世界等休闲

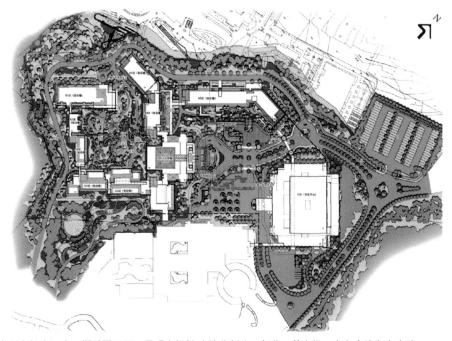

图6-20 广东省广州市长隆酒店二期总平面图。景观空间被建筑分割为三部分：前广场、中心庭院和次庭院。

图 6-21 广东省广州市长隆酒店二期中心庭院区鸟瞰。该庭院用微地形创造出瀑布、流水以及溪涧景观。

图 6-22 广东省广州市长隆酒店二期次庭院。岭南特色生态景观营造私密安静的聚会空间。

娱乐设施相连,四周自然生态环境良好。

酒店的景观空间由经过景观美化设计的前广场、具有独特热带雨林风格的中心庭园、用作景观休闲的次庭园三部分组成,占地约 8.45hm² (图 6-20)。前庭广场包括林荫大道和主入口广场,主要承担交通集散作用。林荫大道以植物造景为主,主干道两侧及建筑入口处设置了大量主题鲜明的雕塑,南侧的树阵广场空间则用于休闲和展览。总的来说前庭广场的景观突出修饰美化作用。中心庭院区巧妙利用原有地形的高低起伏,打造为二期酒店中地形变化最丰富的区域,区域内最大高差达 17 米。中心庭院利用微地形结合置石造景,在地形高低跌落处设置瀑布流水、自然溪涧,营造出独特山地地貌的景观;庭院区以自然材料作为主要景观元素,通过对树木形态、颜色以及习性的巧妙搭配和对自然群落分层结构的模仿,营造出热带雨林风格的植物景观 (图 6-21)。次庭园区位于一、二期酒店的相连区域,是二者共用的景观休闲空间。跌水景观带是该区的轴线,轴线末端对应下沉的草坪空间,并通过梯田的形式逐步消除其与外围其他区域的高差,实现空间上的过渡。整个草坪及其过渡空间被密林围合成为人们平日聚会的私密空间,空间内的梯田上种植芭蕉、鸭脚木,龟背竹、蜘蛛兰等乡土植物,营造出具有岭南特色的生态景观 (图 6-22)。

长隆酒店的三大景观空间根据其功能差异、地形特征而风格各异,但其景观的设计无一不遵从生态理念,通过对自然植物群落的模拟构建了稳健的生物群落,营造出人与动物、植物和谐共处的度假氛围。长隆酒店景观重新诠释了岭南园

图 6-23 海南亚诺达雨林景观。这处复合型生态旅游主题度假社区依山势地形而建，热带风情浓郁。

林的特色，特别注重空间感的营造，并在建筑与景观的过渡空间、开敞空间以及荫蔽空间的处理上都体现了当地传统技术和本土材料的应用。

与长隆酒店的岭南特色不同，位于海南岛的不少高端度假区及酒店都在力求诠释中国的热带风情以及海南的景观特色。呀诺达雨林位于海南三道保亭——大三亚旅游规划中的生态景观轴上，占地面积约 20 平方公里，是海南岛五大热带雨林精品的浓缩（图 6-23）。其设计力求保护当地脆弱的热带雨林环境，保留原汁原味的风貌，并严格保留基本农田不动，使农田成为一道亮丽的风景线，游客可以亲身体验当地的农村生活（图 6-24）。

图 6-24 海南亚诺达雨林里保留的农田。低矮的建筑和农业景观结合在一起，凸显了度假社区的乡村生活气息。

图 6-25 海南省三亚市红树林酒店景观平面布局图。酒店入口景观更强调现代性，而小庭院的设计则是对乡土景观（红树林、稻田、热带果园、农田和海滩沙丘等）的现代诠释。

同样在海南，红树林酒店坐落在迷人的滨海区，是亚龙湾国家旅游度假区的核心区域，也是热带海南岛最著名的旅游胜地之一。这一五星级酒店的设计理念与亚龙湾内其他国际品牌的酒店有显著区别。该区域的大部分酒店主题设定随意或者审美趋向普适，而红树林酒店的设计语汇则是将本土设计语言与海南丰富的景观传统紧密联系起来。

在深入研究海南的历史、文化、气候和生态的基础上，酒店的建筑特色对热带地区传统建筑特色作出了现代回应，二者相得益彰，具体通过屋顶形式、具有层次感的外立面、相互连接的庭院空间和广泛使用的本土材料来表现。同样，其景观的设计结合了现代度假酒店典型的配套设施，并在场地重新诠释了地方性景观格局——红树林、稻田、热带果园、农田和海滩沙丘。

除了以强烈地域特色来提高身份识别性外，红树林酒店的布局（图6-25）也极具创新性。

(1)

(2)

(3)

图6-26 海南省三亚市红树林酒店室内外景观。这处酒店入口景观体现出工整的气魄，与后花园的野趣形成鲜明的对比。同时这里的室内外景观联系紧密，融为一体。(1) (2) (3)

(1)

(2)

(3)

图6-27 海南省三亚市红树林酒店后庭院的稻田野趣。稻田、稻草人以及蜿蜒的小径独具一格，共同构成酒店后花园的休憩空间。(1)(2)(3)

设计将酒店客房组织布局为"翼"，由中央核心向外辐射，建筑综合体的主要部分组成了"X"和"Y"的形状。这种智能的布局方式不仅能够满足高效的服务，还确保了504个房间中超过70%可以享受到优美的海景。这种独特的方法同时还减少了用于冷却日间的海风所需的能源。建筑关键部位的镂空主要考虑了客房走廊和主要公共空间的自然通风，如大厅，这里室内和室外的界线是模糊的（图6-26）。

室内和室外空间的精心设计也体现在酒店具有特色的庭院布局上。借鉴中国传统的建筑组织方式，将该酒店分为三个滨海庭院和三个入口庭院。在酒店临海的一侧，西边的庭院配置了酒店所有的娱乐设施，包括一个庞大的热带水池和一个相对安静的浅水泳池。东边的庭院设有三家以本地美食为特色的餐厅，包括中央的泰式餐厅，它漂浮在百合花的池塘中。酒店中心是主要的海景庭院，为休息厅的游客提供了镜湖与海天融为一线和活动草坪的景观。酒店靠近马路一侧的三个入口庭院也通过精心考究的设计，形成了较为私密的园林空间。入口庭院被优雅的棕榈树林遮掩，模仿了当地村庄的景观特色，同时透过树林隐约可见远处的建筑。温泉庭院塑造了一个有着涓涓流淌的流水和荷花池的平静且安宁的氛围。另外，花园庭院以种植为特色，它能够唤起人们对该地区稻田农业景观的记忆（图6-27），另外还包括一个可以为酒店内三家餐厅提供新鲜药草和蔬菜的农场。

第四节
主题公园:逐渐综合

　　主题公园的兴盛体现了当代中国人在生活水平提高后对猎奇、刺激和消费的追求,同时也是中国人喜欢群居、喜欢热闹的直接反映。主题公园指的是那些围绕一个或几个特定主题规划建造的、具有特殊游乐项目的公园环境。多数主题公园从自产生之日起就带有明显的功利色彩,盈利是其存在的目的和意义(魏丹娜,孙林,2012)。

　　中国主题公园真正意义上的起步在于 1989 年 9 月,第一座主题公园是以微缩景观为主导的"锦绣中华"。"锦绣中华"成功后,国内巨大的市场潜力极大地刺激了主题公园在中国的飞速发展。中国目前的主题公园可能已超过 2500 座,沉淀了 1500 多亿资金,投资过亿的主题公园就有 400 座左右。主题公园遍布各地,其新意层出不穷,灵感可能来自历史文化故事,也可能直接来自对国外特色景观的模仿,甚至是凭空想象的成果。例如民族文化类的中国民俗文化村,中国民族园等;生物景观类的海底世界,北京世界公园等;产业文化类的无锡三国水浒区、横店集团八面山影视城、各地的封神榜宫、西游记宫以及大观园等;历史文化类的北京秦始皇艺术宫、西安大明宫等;娱乐休闲类如桂林满地乐、华侨城欢乐谷等(图 6-28)。中国主题公园发展状况从整体上看可以说是良莠不齐的。

　　随着时间的推移,中国主题公园也由"观光猎奇"逐步向"休闲娱乐"转变。很多新建的公园开始意识到问题所在并直面社会新的需求,从

深圳市"锦绣中华"——这个中国最早的主题公园坐落于深圳湾畔,按中国版图位置分布实景微缩(1:15)了中国自然风光与人文历史的特征,各大著名景点以及各地的民风民俗在这里以商业化的形式展现。

江苏省无锡市三国水浒区——影视、游憩、娱乐等产业综合发展的人工复古景观。

深圳世界之窗——综合世界奇观,与世界广场、世界雕塑园、国际街、侏罗纪天地共同构成的人造主题公园。

图 6-28 不同类型的主题公园。

(1)

(2)

(3)

图6-29 深圳市东部华侨城的各种景观。这些或传统、或现代、或异域的景观诠释了不同的主题以满足大众的猎奇以及游憩需求。(1)(2)(3)

设施、功能以及活动上朝着多元、综合方向发展，主题公园已经逐渐开始和度假景观以及地产景观结合在一起。时至今日，建设较好的一些主题公园无论是从满足大众需求还是局部整体环境来讲都已经达到世界一流水平。

深圳华侨城集团旗下主题公园的演变反映了中国主题公园发展的趋势——越来越综合地去应对社会的需求：先是欢乐谷、然后东部华侨城以及最近的欢乐海岸。这些新兴主题公园获得成功运营，在竞争异常激烈的世界主题公园业界发出了一些"中国制造"的声音。早期的欢乐谷从1998年就开始营业，总占地面积35万平方米，是一座融参与性、观赏性、娱乐性、趣味性等多重体验于一体的中国现代主题乐园，并在其周边开发了一系列地产项目。其内部景观从名字上听就知道很有世界风情，如西班牙广场、魔幻城堡、冒险山、欢乐时光、金矿镇、香格里拉·雪域、飓风湾、阳光海岸，以及玛雅水公园。

继欢乐谷之后，2004年动工的东部华侨城正逐步向更生态、更综合、更人文的方向发展。东部华侨城不再是凭空而起，而是结合自然资源，依山傍水而建，并且在建设之初就强调尽量不扰动山、水、植被，维护场地生态发展。华侨城通过建设大峡谷生态公园、茶溪谷休闲公园、云海谷体育公园、大华兴寺、主题酒店群落、天麓大宅等六大板块，力图"让都市人回归自然"，形成一处集生态旅游、娱乐休闲、郊野度假、户外运动等多个主题于一体的综合性都市型山地主题休闲度假区（图6-29）。

目前尚在建设之中的欢乐海岸已经超脱了主

(1)

(2)

图 6-30 深圳市欢乐海岸的现代气息。(1)(2)

(1)

(2)

图 6-31 深圳市欢乐海岸的夜景。灯光设计使得欢乐海岸的夜色绚烂、独具特色。(1)(2)

题公园的范畴，它将娱乐需求、生活气息及自然保护结合在一起，力图开发出独一无二的商业＋娱乐＋文化＋旅游＋生态的全新发展模式（图6-30、图6-31）。欢乐海岸依海而建，以水相连，总占地面积约125万平方米。在总体规划上，根据地理位置划分为两个区域：北区为北湖湿地公园，占地面积约68.5万平方米，在设计上意图为在保护现有自然林地、沼泽和水生植物区域及现有野生动物的栖息地，在"保护性修复"的原则下涵养原生态环境，同时发挥天然湿地的环保教育功能；南区为都市文化娱乐区，占地面积约56.5万平方米，由中心湖区、欢乐海岸购物中心、曲水湾、椰林沙滩区、度假公寓等功能区域组成；二者通过的流动水系将两部分的水体连通，同时欢乐海岸内湖水系通过深海引水，又与深圳湾连为一体，使得整个区域形成一个完整循环的生态环境。

欢乐海岸项目主动继承和发扬本土文化和地域特色，寻求一种城市商业与现代岭南文化、地

(1)

(2)

图 6-32 深圳市欢乐海岸的湿地。受到保护的水岸和湿地已经开始发挥其生态功能。(1)(2)

域自然生态环境之间的平衡。在规划设计上，首先，将南、北两个功能形态迥异而又独特区域有机结合，通过绿色科技和绿地规划，力求在滨水环境建设中实现多样性，探索城市商业开发建设与湿地生态环境保护之间的协调；其次，欢乐海岸项目开创性地将主题商业与滨海旅游、休闲娱乐和文化创意融为一体，结合不同区域的功能特性，力求平衡室内和室外空间的功能区域，尝试建立一个包括私密空间、过渡庭院空间以及大型户外公共活动空间体系，为不同人群、时段的活动提供便利；第三，提供多样的娱乐活动和设施，比如互动喷泉表演、雕塑小品等，对湖区以水为主题善加利用，规划提供包括北湖湿地的观鸟休闲、水上游览等游乐活动，与华侨城世界之窗等主题景区资源形成共享（图6-32）；第四，场地设计通过材质的变化、空间尺度、灯光效果等增强了建筑的不同主题与风格特性。

除了大型主题公园的建设之外，许多民间自发形成的主题园虽然体量不大，但都淋漓尽致地体现出地域风情。贵州花溪"夜郎喀斯特生态谷"是由艺术家主导建设的大地艺术与乡土文化的创造性结合，与上述所介绍项目的庞大功能与热闹氛围相比，显得十分弱小却又独具个性。

夜郎谷生态园位于斗篷山脚，距花溪南大街约3公里。1996年，时年56岁的贵州艺术家宋培伦先生旅美归国回到这里，以最原始的手段不停地锤打坚硬的喀斯特岩石，雕凿他心中的"生态环境艺术"。日积月累的创作，让这块土地上逐渐垒起一座属于他的"石头古堡"——夜郎谷。夜郎谷将石林艺术与夜郎文化巧妙融于一体：石柱、石版画、石茅屋、石古堡、石桥、石路、石长城等石制景观都能展示古夜郎国时期的文化艺术；小桥、流水、人家、弧形状的石帘门融入了贵州夜郎古国苗、布依、水、侗、仡佬等民族勤劳的生活方式——以石为居、取石创艺、依山筑屋、依林为生、傍水为乐。夜郎谷是夜郎古国的一种浓缩再现，谷内由石砌成的具有贵州傩文化元素的人物头像和柱子，不仅是古夜郎图腾崇拜的展示，更体现了艺术家对贵州本土文化的自信和骄傲（图6-33）。

(1)

(2)

图6-33 贵州省花溪夜郎谷生态园实景。依山傍水而建的夜郎谷用一系列独特的夜郎形象体现古夜郎国时期的文化艺术。(1)(2)

(1)

(2)

图6-34 贵州省花溪夜郎谷生态园的原始手法。传统的垒砌
方式既能保持水流畅通，又能降低生态破坏。而纯手工打造
的夜郎则独具特色。(1)(2)

民间的主题公园往往不是一朝一夕产生的，长期的发展让景观更好地适应了当地的自然环境，也表达出设计者对生态的理解和保护。夜郎谷生态园的设计尽量保存了原有植物和地形地貌，同时，设计师试图制止当地农民开山采石、拦河炸鱼等破坏生态环境的行为，并引导村民以最原始的手段不停地锤打坚硬的岩石，学习传统的垒砌方式，并保持水流的畅通。用石头垒砌的夜郎谷至今仍然不断地向大山深处延续（图6-34）。

夜郎谷生态园既是艺术家心中"生态环境艺术"的浓缩，又是当代石林艺术与乡土文化的创造性结合，体现了设计师对生态的关怀、对传统文化的独特见解，不仅有利于培养人与自然和谐相处的生活观，形成当地居民保护环境的价值导向，也有利于激发全民对传统文化的认知和理解，具有深刻的教育意义。

第五节
乡村景观：探索出路

中国五千多年的文明发展历程，创建了许许多多的乡村聚落。当代中国的快速城市化带来的不仅是城市景观的巨变，还有对乡村景观出路的探索。

城市发展过程中，农村人口向城市大量转移，导致原本生产生活为主导的乡村聚落正日益弱化其原本的功能。与此同时，城市发展带给人们的希望与畅想同样吸引着居住在农村里的人们。对现代城市生活方式和文化品质的合理追求与向往，让留在农村的人们对原有居住环境开始不满，希望能享受现代科技文明带来的方便与舒适。例如世界文化遗产——福建土楼，没有空调、没有卫生间；许多年轻人不愿意生活在一成不变的"旧式"氛围中，纷纷搬出土楼，要么在附近盖新楼居住，要么住进城市"洋房"，导致许多土楼变成"空楼"。

随着我国新农村建设如火如荼地进行，乡村景观建设迎来了前所未有的机遇与挑战。乡土遗产因其稀缺性今天正在成为人们关注的焦点，作为一种特殊的旅游资源，乡村景观是乡村特色禀赋的集中体现，具有历史文化及商业开发双重价值（温莹蕾，游小文，2011）。把当代中国的乡土村落归于游憩景观是基于当代中国发展的客观现实与预期中的未来需求。在不久的将来，除了极少数农村能够保持其原有的农业与生产功能，多数农地以及农村住宅用地都将被转换使用性质，要么农民上楼变成城市居民，原有土地变成开发区，要么就是转换成游憩目的地。当代中国乡村景观在游憩方向的探索主要包括：具有明显资源优势的历史文化名村保护、服务于城市居民回归田园需求的农业园、相对较为综合的乡村度假农庄以及城市人的第二居所。

历史文化名村保护

保存相对完好的村落是中国旅游大力发展的重点之一，尤其是那些被评为世界文化遗产、历史文化名村或是国家级重点文物保护单位等的村落。这些具有独特人文自然特征的古村落正在用全新的方式向世界展示中国乡村发展的故事。历史文化名村是传承我国优秀历史文化的重要载体之一，具有传承历史、艺术欣赏、科普教育、旅游等多种社会功能，是我国旅游资源的重要组成部分。自2003年起到现在，国家建设局和文物局（原国家建设部）已经评选并公布了五批共169处国家级历史文化名村。

中国乡村发展时间跨度大，各地区和民族在发展过程中存在着显著差异和不平衡性，形成了具有不同地方特色、丰富多样的美丽乡村（图6-35，图6-36）。至今保存较好的类似于宏村、丹巴、和顺等村落，成为当代中国游憩景观中不

(1)

(2)

图6-35 四川省甘孜州东部的丹巴。这里是"东女国之都"，距今已有五千多年漫长的历史。丹巴被称为大渡河畔第一城，境内有被誉为"东方金字塔"的千年古石雕群。丹巴周边高山环绕、河流遍布，是片倍受藏族为主的十五个少数民族关爱和保佑的风水宝地。(1)(2)

(1)

(2)

图6-36 云南省腾冲和顺镇。这里是一处独具地方特色的古村落。和顺依山傍水而建,村落周边湿地保护状况良好,形成优美的自然山水背景。乡内随处可见古朴典雅的祠堂、牌坊、月台、亭阁、石栏等等,有"华侨之乡"、"书香名里"之称。(1)(2)

可或缺的重要组成部分。名村落的规划建设多以保护建筑与传统格局为主，景观的主要特色就是其整体环境与生活中沉淀下来的人文气息，能够在其中进行创作性设计与改变的空间并不大。

与此同时，中国当代古村落旅游体验的打造过程也面临不少挑战，不适当的旅游开发及不合理的保护规划也给中国古村落造成了不少损失。如过度商业化的开发导致古村落街区丧失原真性；古村落里开发商的入住和村民的外迁使当地的人文环境发生变化，古村落成为一个"文化空壳"；一些地方政府和开发商看中了古村落的旅游价值，肆意新建、翻建古建筑的现象也导致古村落丧失其原生态的面貌，失去纯朴、祥和的乡村氛围等。整体而言，中国古村落的当代发展可以说是问题与潜力并存。

各类休闲农业园

休闲农业园的遍地开发是当代中国的新鲜事物。在长达 5000 多年的封建社会中，作为一个一直以农业立本的国家，农耕文明历经了数千年的变革。古代的农业发展以生产为主，四下遍布的农田景观中，只有少数零散分布在苑囿里的是用来供上层社会享受田园野趣，与当代农业兼具生产经营、游憩服务、文化承载内容的发展模式有着天壤之别。

当代中国休闲农业的兴起是乡村体验与怀旧情绪的直接反映，也从侧面说明了越来越多的中国人已经远离故土，成为城市化大军的一员。由改变自然环境而来，同时又依靠自然环境而生存的农业景观，与自然的结合最为紧密。各地的自然环境条件不同，导致休闲农业园所表现出的形态也是多种多样，各具特色。

当代中国休闲观光农业始于 20 世纪 80 年代末，起步于改革开放较早的南方沿海地区并迅速发展起来。早期深圳为了招商引资，开办荔枝采摘园与荔枝节，成功地吸引了大批游客参与休闲农业活动，并取得了良好的经济效益。这件事便成为中国乡村旅游兴起的标志。随后各地纷纷效仿，开办了各具特色的观光农业项目。据不完全统计，目前，全国各种类型农业园区有 3000 多个，遍布全国 31 个省市。

休闲农业是农业经营、游憩服务并重的新兴产业，而休闲农业园具有教育、经济、社会、游憩、文化等多项功能，正是展现休闲农业的最佳场所。我国农业园几乎遍地开花，由于所处的地域不同，区域环境、经济条件、民俗习惯等方面有很大差异，因此相应的发展模式、内容、形式都呈现出多元化的趋势（冯建国，杜姗姗，2012）。如北京从 20 世纪 80 年代后期开始发展乡村旅游，自昌平县（现昌平区）十三陵地区率先建立观光果园以来，先后建立了 100 多个观光农业和田园性公园，可以提供农园观光、果园采摘、鱼塘垂钓、森林观光度假、牧场观赏狩猎、乡村民俗文化等旅游多种休闲项目。考虑到商业价值和宣传效果，很多农业园的建设和主题公园有相似之处，例如番茄园、苹果园、蝴蝶园、樱桃园、南瓜园、西瓜园、桑树园等，都在力图通过特色农业的打造形成品牌效应（图 6-37，图 6-38）。

以农业发展及旅游开发为主导的农业园里，景观规划设计的作用在多数情况下都未能提上日

图 6-37 薰衣草庄园。

图 6-38 乡村郊野游园。

程。据不完全统计，在北京海淀区，就有 70% 左右的农业园区在建设过程中没有委托规划设计专业人士，而是由经营者自己设计建造。事实上，各地观光农业的开发状况也表现出起步阶段的种种迹象，多数农业园建设缺少景观规划设计，一般是在原有农业的基础上稍加改动就开始接待游客，尚未形成观光农业园应该有的氛围；另一些观光旅游农业园区的规划和景观营造则主要模仿风景区的规划或旅游规划的相关程序与要求，造成很多本属于公园或风景区的设施和人工景点却出现在观光旅游农业园区内。未来休闲农业园区的景观建设在功能、风格、空间组织方式、游憩活动设置、文化内涵体现等方面都还有很大的提升空间。

乡村度假休闲场所

从 20 世纪 90 年代中后期开始，在生态旅游观念的推动、国际旅游的示范和脱贫致富政策的促进下，中国，特别是一些都市区域的旅游市场开始拓宽到乡村旅游的范畴，并很快发展壮大起来。乡村旅游在这个时期出现了质的变化，由特定社区的农业观光转向了城市近郊大规模的"农家乐"式的休闲旅游，"城市周边游憩带"便是在这样的态势下形成。

乡村休闲农业以非常低廉的消费，便捷的交通条件和时尚的主题——"住农家屋、吃农家饭、干农家活、享农家乐"，迅速成为城市居民大众化的休闲方式之一。进入 2007 年以来，我国的乡村旅游继续保持了较快发展势头，城乡互动更加活跃，市场发展更加繁荣。按照党中央、国务院 2006 年 1 号文件关于特别要重视、发展乡村旅游业的要求，国家旅游局提出并积极推动"中国和谐城乡游"旅游主题年活动，不断推进乡村旅游的深入发展。截止到 2009 年，仅浙江省就建有休闲农业区 1463 个，浙江农民仅依靠农家乐等休闲观光农业，收入就达到了 43.5 亿元。

北京蟹岛绿色生态度假村是早期比较典型的大型休闲度假园区，它是高度商业化的度假村，却因为有着对地方文化的追求以及质朴农村风格的探索而备受游客青睐。蟹岛度假村总占地 3300

亩，集种植、养殖、旅游、度假、休闲、生态农业观光为一体，以产销"绿色食品"为最大特色，以餐饮、娱乐、健身为载体，让客人享受清新自然、远离污染的高品质生活为经营宗旨。度假村环境优雅、空气清新、设备齐全，"前店后园"的布局别具一格，整个园区分四大块：种植园区、养殖园区、科技园区和旅游度假园区。蟹岛绿色生态度假村是北京市朝阳区推动农业产业化结构调整的重点示范单位，也是中国环境科学学会指定的北京绿色生态园基地。度假村本着以人为本的原则，合理利用水资源和各种生物资源，建成了水资源合理循环系统及种植、养殖、沼气、加工业相结合的立体农业模式。蟹岛种植园区有近千亩地稻田及 50 多栋蔬菜采摘大棚，棚内蔬菜、瓜果、豆类品种达 80 余种供给游客采摘及餐厅食用，产出的大米、蔬菜、瓜果为无公害无污染纯天然的绿色食品；养殖区饲养的家禽家畜有 20 余种供给园区游客食用，采用草饲料及稻糠喂养确保肉、蛋、奶的质量。蟹岛度假村的生态循环农业为生态发展、休闲观光、娱乐科普及教育等各个层面提供了丰富的体验，吸引了很多海内外游客（图 6-39～图 6-42）。

农家乐的起源基本上是一种自发行为，多由一些有经营头脑的农民或是业主自己钻研而成，很多小型乡土村落的旅游开发也基本都是如此。农家乐的重点在"农家"二字，经营的价值在于提供给游客难忘的体验。一般农家乐的游客都有了解农耕文化、民间工艺、乡村民俗的渴求，绝不是简单的吃喝，在深层意义上更是文化、生活方式的体验。乡村旅游的开发建设尤其需要保护

图6-39 北京蟹岛绿色生态度假村的豆腐坊。灯笼、藤架以及大缸形成富有乡土气息的景观。

图6-40 北京蟹岛绿色生态度假村的水景。荷塘、蟹塘与水上游园在这里有机结合。

农村自然生态环境，为游乐提供原汁原味的乡村景观，并注重与城市不同的休闲生活氛围的营造。不同地区发展乡村旅游的基础不同，规划设计的力度与起到的作用也都大不相同。但乡土村落的旅游开发如果结合地域特色进行保护性为主的适度开发，在保留传统的乡村氛围的基础上引入新时代的游憩体验需求，往往更容易打造出更加独特新颖的乡村游憩地品牌。

图6-41 北京蟹岛绿色生态度假村的农庄。乡土院落的建设使度假村的居住有返璞归真之感。

乡村旅游业的壮大将会对农村地区的发展起到巨大的推动作用。最近几年，政府、企业以及村民都纷纷参与到建设大潮中。北京密云的山里寒舍就是在空巢山村的基础上打造的旅游度假地。整个村落原先是要被合并拆迁的地方，但开发公司租赁了其中大量闲置的住房，通过适当改造将整个村子变成既有乡村气息又有现代感的自然休闲地。错落有致的古朴院落、充满乡土气息的鸡舍农田以及连绵起伏的群山是其最大的特色（图6-43）。除了企业行为，政府也开始扶持重点村子发展旅游产业。例如河北省的郭家沟，它

图6-42 北京蟹岛绿色生态度假村的街旁绿化。生态性景观（谷子、蔬菜、瓜果等）在道路旁的种植引得游人驻足停留，细细观摩。

(1)   (2)

图 6-43 北京市密云山里寒舍的乡居景观。开发公司租下村落，将山里原有的住房被改造成崭新富有现代气息的院落景观。山里的
农田由附近村民打理，游客可以随意采摘食用。(1)(2)

是一处完全由当地农民自主经营的农村度假地，没有开发商的入驻使得这里的改造更纯净一些。郭家沟的建筑及人文特色并不是特别突出，但政府对其进行了全方面的整体治理，建立集体管理公司打理业务，农民各家各户独自出租、维护自家庭院并从中受益。郭家沟依山傍水，村落的整体风格统一，大片的金银花既有观赏价值又有商业价值，果树漫山遍野。整改不到两年，原来出去务工的年轻人都已经回到村子，开始打理属于自己的那份旅游产业（图 6-44）。而福建省南平市石圳村的改造则是完全始于自下而上的过程。几个妇女出于对村子的热爱自发甚至自己出钱开始改造村落，完全立足于当地的工艺以及文化传统。从 2013 年开始到如今也发展得颇有潜力，虽然发展模式尚在摸索中，但已经开始有打工村民的回流（图 6-45）。

(1)   (2)

图 6-44 河北省蓟县郭家沟的乡村景观。这是一处由地方政府主导的乡村改造，这里依山傍水，春景里漫山果树都盛开鲜花，村落
掩映在花丛中。(1)(2)

(1)

(2)

图 6-45 福建省南平市石圳村景色。这是一处由村民自发改造的村落。几个对村子怀有浓厚情怀的妇女从收拾垃圾开始进行改造，历史的印记以及乡土的手法受到特别的重视。后来有地方政府支持后，这里已经变成一处景区，但主要的领导以及管理者还是那十个妇女。(李福礼和徐庭盛摄)。(1)(2)

(1)   (2)

图 6-46 北京慕田峪村的小园餐厅。这里原来是废弃的学校，适度改造以及与玻璃艺术的结合将它变成一个即现代又淳朴的西餐厅。
(1)（2）

第二居所

传统村落另一个好去处是变成城市人回归田园农村的第二居所。对许多城市居民而言，由于交通拥挤、空气污染严重等因素，迫切需要体验更加自然放松的居住环境，于是许多人开始思索在农村购买第二套生活住宅，以便在周末和假期能够享受乡村的自然风光。根据 2005 年文献记载的北京的一项调查显示：54.5% 的城里人有意到郊区投资，70% 的人有意到郊区购买第二居所。但农村第二居所在中国的开展还完全处于早期探索阶段，主要原因在于政策规定宅基地使用权不得向集体经济组织之外成员流转的特殊性，房屋所有权的流转因此受到限制。目前中国村镇里集体土地上对外出售的房子都属于小产权，不能在市面上随意流通。

慕田峪长城脚下的慕田峪村已经是一个颇具规模的第二居所。慕田峪村早期的一些空置老房子由一些国外公司驻京办的老总长期承租，并找当地人打理，用作偶尔度假场所，间或出租。村子里的第二居所建设主要集中在老房子的改造与扩建，但是远未上升至整体景观特色的提升层面（图 6-46）。

第六节　小结

20 世纪 80 年代前后零星起步于东部发达城市的游憩景观，如今已经在全中国遍地开花。二十几年的发展历程孕育了非常多元的游憩景观类型。当然在这段时间里，也暴露出各种社会与环境问题，例如相关规范不健全、盲目开发破坏生态环境、商业模式的匆匆介入等等。整体而言，中国的游憩环境建设得到巨大提升，游憩作为一个行业在许多地方起到了至关重要的经济带动作用，并且为了游憩景观的特色性，地方政府以及开发商们对地方文化与本土特色的挖掘力度也是史无前例的。

随着未来城市化进程的继续，人们生活水平的不断提高，人们对游憩的需求也会越来越多元，游憩景观未来将会有更大的发展空间，朝着环境更生态、设计更精致、体验更多元、设施更便捷、风格更独特等方向综合发展。在这些发展方向中的重点可能会有以下几方面的思索。

架构区域游憩体系？单个游憩景观的发展需要立足于一个区域结构合理的游憩体系定位，而这种体系要超脱现有的风景名胜区体系规划，不能仅仅着眼于那些资源特色非常突出的地区，也不仅是"旅"与"游"的战略规划，而是综合城市的绿地系统建设以及当地居民"游"与"憩"的需求，整体定位一个城市或者一个区域的游憩系统。这个系统功能是明确的，它以保护历史文化传统和自然生态环境为前提，更重要的是让游憩者再度以更充沛的精力、更丰富的知识、更强健的身体投入到生产和创造性活动中，促进社会物质文明和精神文明的全面发展。将城市整体景观溶解成一个大的游憩体系，让它更便捷、更丰富、更可游可憩，使人能够通过体验获得身心再生，这远比单纯保护几个风景名胜区、建设几个农庄或者整合几个村落要有意义得多。

走向体验与生活？体验经济时代的到来，消费者逐渐从追求物质享受慢慢转变为追求精神需求上的满足，并且越来越显现出个性化的特点（李凌，2011）。事实说明，静态的、被动的观光活动对游人再度前往的吸引力不强，不利于游憩地的长远发展。单纯观赏性、刺激性的景观形态将会逐步被定格或逐渐削弱，取而代之的将是那些综合开发兼具体验与生活功能的场所空间。这种游憩地能让游客从中体验到不同于以往经验的非城市生活，认识不同于都市的农村生态环境，引发游客更深一层体会人与大自然间的关系。第二居所的形式与开发程度将进一步延伸，游憩景观将更加商业化，符合大众的游憩需求，也更加精致化以满足日益提升的生活标准，而设计则将是决定这些游憩景观是否充满生活活力的引擎。

兼容景观与教育？游憩景观应该能够成为自然与文化教育的一部分。古语云"读万卷书，行万里路"。地大物博的中国展示出丰富多样的自然与文化特征，游憩景观应该更好地利用这些特色，实现自然教育的功能。这种教育不是死板的博物馆以及严肃的科普形式，而是将游憩景观整合成活的教育基地，让人们在触摸、游戏、观赏、尝试与玩味的不经意间学习知识。景观的作用是提供有趣味性的学习空间，让人们在游中学，在学中游。

游憩景观总体来说其存在价值不是感官刺激与新鲜感，它能够留给人们的也不仅是生活的享受或异地的猎奇，更多的还应该是在游与憩的过程中博览汲取的人生阅历以及由此引发的身心再生。

第七章
城市公园

　　城市公园无疑是当代中国景观画卷中的浓墨重彩。中国传统文化中，私家园林一直处于主导地位。近代意义上的城市公园是在西方工业革命后作为市民文化与城市文化的产物由欧美国家推广到世界的（王俊杰等，2010）。所谓"公"，即是社会意义上的公共属性，而"园"则是指具有景观内涵的绿色空间（金远，2006）。当代中国公园不仅在类型迥异的公园景观营造上做出了独具特色的贡献，同时也在"公"上取得了长足进展。

第一节
基本背景

"公"之脉络

相较于国外的开放式公园，中国的公园在很长一段时间里显得封闭得许多，主要体现在公园收费制度和公园围墙两个方面。由于政府的资金投入不足以及管理混乱等问题，公园往往通过门票收入来维持公园本身的运营及维护；除去一些风景名胜性质的公园，许多市民广场或街心综合性公园亦是以一堵围墙孤立地存在城市之中（苏薇，2007；徐振等，2011；詹建芬，2006）。2001年来，公园免费开放和围墙拆除才开始成为国内诸多城市公园改造的主流。2002年太原迎泽公园拆除围墙"还园于民"（尹卫国，2010），成为国内最早实行全天候免费开放的综合性公园。2002年杭州西湖综合保护工程启动，西湖风景区逐步免费开放的风景点达53个；目前，北京140多个公园中八成均为免费。开放式公园的建设是中国公园发展的新趋向，没有了门票作为门槛，公园绿地可以更好地为市民提供休憩之所（刘佳，2010；阳慧，2009）。

围墙的拆除当然要建立在公园免费开放的基础之上，同时免费开放也是公园融入城市、充分发挥服务能力的必要举措。除部分动物园、植物园以及名胜古迹公园外，城市内的综合性公园都应当以开放式的姿态融入城市肌理，服务市民（张虎，2012）。近几年来，包括广州、成都、台州等城市在内的各个地级市都致力于推进"公园无墙"工作。"拆墙"似乎是"免费"的前奏，但并不是所有免除门票的公园都拆除了围墙，如北京团结湖公园，"墙"仍在，大门却向市民免费敞开；同样，墙不在门票照收也大有公园在，比如北京玉渊潭公园将围墙换成铁栅栏，换汤不换药。中国公园的"开放"工作还有很长的路要走。

除此之外，国家和地方相关部门也在不断努力完善法律规范以及自身的管理，力求保障公园建设管理朝着为公的发展。为进一步加强公园建设管理，2013年住房城乡建设部发出通知，严禁"以园养园"，确保公园姓"公"（王佩杰，2013）。各地开展公园运营管理专项检查，就公园中存在的出租公园房屋及设施设备给私人经营，违规建立为少数人服务的餐馆、会所、茶楼等情况进行整改，并要对公园的规划和建设进行统一监管，确保其"公益存在"。

名片效应

特色突出的城市公园可谓是城市的名片。在城市建设进程中，城市景观的整体效果不可能在短时间内完全显现，而公园，面积可大可小、设计可简可繁、工程可速可缓，类型颇多，既可以依托地形地貌遗址景观建造，又可以借人文历史拔地而起，无疑成为体现城市特色的上上之选。尤其是地方政府领导班子大多5年换届一次，领导有短期成就综合考核评价压力，这使得能够在短时间内建造完成、直接为当地居民谋得立竿见影的福利并能够塑造地方景观特色的公园，成为展示一个地区经济发展、地方文化以及政府领导管理能力的理想场所。城市公园可以说是一处够小、够好，又易于操作和管理的发展着眼点。同时城市公园的建设又能够满足居民生活水平提高以及节假日增多的需求，是人们生活需求以及生活水准的真实反映。建设良好的公园体系能够大大提升市民对于所在城市的居住满意度（李景奇，夏季，2007；吴人韦，1998；易松国，1998）。

提升土地价值

前文提到的土地招拍挂对城市公园的发展起到非常大的带动作用，它迅速使得公园的溢价作用受到前所未有的重视。在"土地财政"招募房地产以实现税收和经济增长的背景下，因为公园周边的土地都能够以更高的价格入市，政府的经济收入也会随之提升，所以公园的选址以及建设就显得尤为重要。在市场经济的大潮中，公园对于周边经济的带动作用日益凸显，且这种增值效应不仅带动了周边房价、地价的提升，更重要的还有周边人气的逐步提升。

概而言之，中国居民生活水平的快速提高、城市公园的名片效应以及城市公园的溢价效应等因素，使得城市公园突飞猛进的发展成为当代中国之必然趋势与时代需求。当代中国快速发展起来的城市公园数量之多，类型之丰，以及投资量之巨大可谓举世少有。城市的发展与人们对公园质量、数量的要求催生了各类公园景观的产生与发展。城市产业转型遗留下的工业遗迹，昭示着曾经的

辉煌，亦是这片土地的记忆，华丽转身变成孩子们与父母嬉戏的乐园；以往被割裂、被污染的片片水面，经过创造性的生态改造，正在恢复曾经的小桥流水、鸢飞鱼跃的美景；而渐渐富庶起来的城市，为了展示昔日的荣光与今日的进步，建起了一座座丰富多彩的"园林博物馆"，为市民带来不少视觉盛宴；曾经的水田、鱼塘，甚至是低地和洼子被巧妙地变成湿地资源，被呵护被观赏，唤醒深埋在人们内心深处对水的亲近和喜爱；还有遍布在城市各个角落的最普通的市民公园，正在步步为营地编织着公园网络体系，体现出它们的社会价值。一叶知秋，接下来我们可以通过以下具体案例一窥当代中国公园景观之发展。

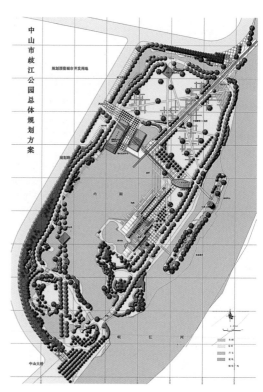

中山市岐江公园总体规划方案

图7-1 广东省中山市岐江公园总平面图。水岸旁的旧造船厂被改造成一处现代公园。

第二节
棕地改造：初步探索

中国城市内的大量棕地源起于新中国成立之初在城市中心大力进行工业发展的特殊时代的特殊发展定位（林璐，2013）。随着经济结构的转变、传统工业的衰败，以及人们对城市环境的日益重视，一些产业结构落后或者污染性严重的工业企业逐步从城市内部迁出。截至 2012 年，我国棕地数量已超过 30 余万处，面积近 2000 万平方公里（郭凡，2011；魏雷，2013）。将受到污染、废弃的场地改造为城市公园或绿地便成为治理此类土地最常采用低成本、高效率的途径（吕飞，于

婷婷，2014）。中国以公园或者绿地的模式改造污染场地的步伐虽然才刚刚开始，但也涌现出了一些优秀的改造修复与利用的案例。但整体而言，棕地改造仅停留在景观空间塑造和体验上。棕地背后的技术问题，即污染破坏的修复似乎没有足够的探索。所谓棕地还仅是景观和文化的符号。

早期，我国处理工业活动在城市中心区留下的工业遗迹的方法简单粗暴，往往拆除了事，留下的是城市的疮疤，断裂的是一个时代的记忆，伤害的也是亲历者无所寄托的感情。1999 年由中山市政府投资，土人设计负责设计、施工的中山岐江公园堪称我国首个对工业遗产场地进行探索的案例（图 7-1，图 7-2）。该公园位于广东省

图 7-2 广东省中山市岐江公园鸟瞰图。现代城市公园景观里依然保留展示了造船工厂的记忆。

图 7-3 广东省中山市岐江公园的双塔。再利用的水塔成为标识物及观景点。

中山市区，园址原为粤中造船厂，船厂在新中国产业转型期倒闭，遗留了部分厂房和不少机器设备。这些特定时空背景下人们艰苦创业的痕迹沉淀为弥足珍贵的城市记忆，是场地变化的见证和历史风貌的代表。岐江公园是我国城市对工业旧址加以景观化处理、达到更新利用的一次有意义的尝试（俞孔坚，庞伟，2000）。

岐江公园保留、改造、再利用了场地内的大部分废弃公园元素，其中比较有代表性的是对原船厂遗存的水塔和船坞的设计处理：设计师运用新材料和新理念赋予其新的时代意义，创造性地将其转变成兼具象征意义和观赏使用功能的玲

图7-4 广东省中山市岐江公园的泊船场所改造。水天一色间，改造后的船坞似乎仍在迎接进出船只。

图7-5 广东省中山市岐江公园改造船坞远景。远远望去，船坞在野草水面之间成为一处醒目的标识。

珑水塔（图7-3）和驳船场地（图7-4）。此外，设计师采取"挖渠成岛"的方式在满足防洪的基础上成功保留场地原有的数棵大榕树。除了大量机器经艺术和工艺修饰而被完整地保留外，还有许多机器都选取部分机体保留，并结合在一定的场景之中。这种处理方式使园内工业景观的展示更具人为提炼、抽象后的艺术效果。

中山岐江公园是我国现代景观设计的一次大胆的实验作品，扩展了人们对"文化"的认识与传承方式。设计师创造性地结合时代科技，对旧有产业文化载体（厂房、机械设备、铁轨等）采取保留、更新和再利用并行的设计手法，赋予其新的使用功能，使其在新的时空背景下与人产生互动关系（图7-6）；并将日常屡见不鲜的野草作为景观要素（图7-7），体现了平实的生活中最朴实的文化之美（G.Padua，刘君，2009；俞孔坚，庞伟，2000）。岐江公园最大的意义其实并不是基于场地的设计、应用较小的变动而给人们提供了一个公共开放空间，它最大的意义在于对

一座城市的尊重，在于我们还可以见到那些老人指着这的厂房那的水塔讲述属于自己的那个辉煌年代时的骄傲神情。这是鲜活的设计！

除了工业废弃地本身，煤炭采矿业的作业现场也会残留大量遗迹，最常见的就是采矿采煤产生的大大小小的矿坑。对于这些普普通通的矿坑，很多地方采用渣土回填，顶多加植树种草的简单方式进行处理，缺乏合理的修复改造和利用，而且还常常会造成塌陷等一系列问题。河北省唐山市南湖生态城就直面这些问题，试图将废弃地修复融入进城市的多元发展。唐山是一座有着百年历史的重工业资源型城市，被誉为"中国近代工业的摇篮"，南湖生态城的原址曾经为地下煤田，历经百余年的开采形成大面积煤炭采空区，是让政府头疼的威胁城市安全的问题地区。1976年，唐山发生里氏7.8级地震，地下采空区大量塌陷，并导致地表多处沉降。截止到2006年，该地区因煤炭开采所导致的地表下沉已多达28km²（胡洁，2010）。唐山南湖生态城面对残留的坑坑洞洞，

图7-6 广东省中山市岐江公园内保留的铁轨。铁轨与柱阵成为人们游憩与怀念空间。

图7-7 广东省中山市岐江公园的野趣。栈桥式湖岸和水上的野草让游人回归自然野趣。

图7-8 河北省唐山市南湖中央公园夜景。天水相交之间，工业城市的特征烟囱还在叙说场地的故事。

并没有遮丑般地掩埋了这座城市的疤痕，而是要探索一种全新的处理模式，从深层进行根本的"美肤"手术。

如何处理废弃地与城市的关系，通过景观策略实现由"工业城市"向"生态城市"的转型，并实现南湖地上生态系统与地下煤炭开采之间的双赢，成为南湖设计的主要挑战。设计师们通过一系列的规划研究工作对自然资源进行空间分析，审视土地利用及覆盖变化情况，通过生态敏感性评价及建设适宜性评价来构建生态安全格局。并在此基础上辅以景观策略以及生态技术措施、城市安全系统，重塑南湖城市空间结构，结合城市多元发展的需要以及市民日益增长的对休闲旅游的需求，建设中央公园（张蕾，胡洁，2011）（图7-8，图7-9）。

中央公园的设计充分利用已形成的水面和场地上原有的大量植物来打造市民休闲娱乐的公共绿色空间。通过对昔日场地内垃圾山进行封闭改造，建设成为台地式绿色山体，构筑核心区的标志性景观和远眺点。设计还通过建设人工水处理湿地系统，对污染的青龙河水进行净化，使之成为公园湖区的补水水源，并就地取材，利用生态城内干枯废弃的树枝、树杈和树干打造生态护岸，变废为宝（图7-10，图7-11）。

南湖城市中央生态公园的景观设计从场地自身的自然和文化特征出发，营造出开放、安全、舒适的城市空间。该项目通过开挖、疏浚、整合场地内原有鱼塘及沉降形成的积水坑道，形成270hm²的水面，并设计相应的亲水景观（图7-12，图7-13）。公园内还设计了大量的湿地景观，结合人工湿地处理系统深度处理再生水，为游人提供了解自然生态系统功能和接受环境保护教育的

图7-10 河北省唐山市南湖中央公园的就地生态措施。粉煤灰加气成为混凝土。

图7-11 河北省唐山市南湖中央公园的生态修复。废弃的树枝、树杈被打造成枝桠床，构筑生态护岸。

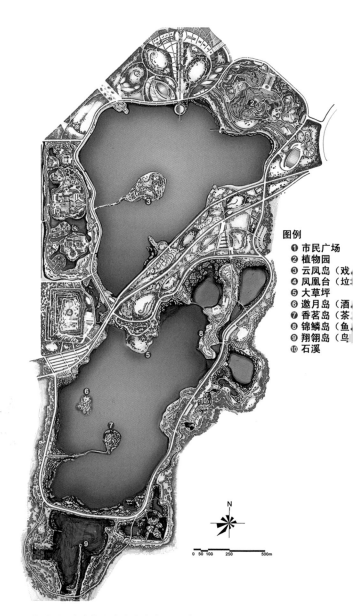

图例
① 市民广场
② 植物园
③ 云凤岛（戏
④ 凤凰台（垃
⑤ 大草坪
⑥ 邀月岛（酒
⑦ 香茗岛（茶
⑧ 锦鳞岛（鱼
⑨ 翔翎岛（鸟
⑩ 石溪

图7-9 河北省唐山市南湖中央公园总平面图。各种游憩功能与生态修复后的景观空间融为一体。

图7-12 河北省唐山市南湖中央公园的景观桥。自由舒展的桥引领游人的自然体验。

图7-13 河北省唐山市南湖中央公园的亲水平台。

图 7-14 河北省唐山市南湖中央公园的水岸。

图 7-15 河北省唐山市南湖中央公园的荷塘。

场所。此外，在塑造公共空间的同时，尽量保留现状自然地貌，结合水体净化和土壤改良，建立本地适生植物群落，形成以林地、灌木丛、草地、湿地为主的生境结构（图 7-14，图 7-15），为野生动物营造良好的栖息环境。该项目通过重建土地利用格局，打造具有唐山特色的核心区景观，以景观建设带动周边城市发展，将塌陷区治理从单纯的环境改造提升到城市生态和可持续发展高度。如果从生态服务价值、用地生态价值等方面进行预测评估，南湖中央公园建成后区域的生态价值增加约三倍（孙楠等，2013；张晓冬，2009）。

位于上海市辰山植物园中的矿坑花园是另外一个将采矿遗迹进行生态修复与利用的案例（图 7-16，图 7-17）。场地曾为采石场，由于开采挖

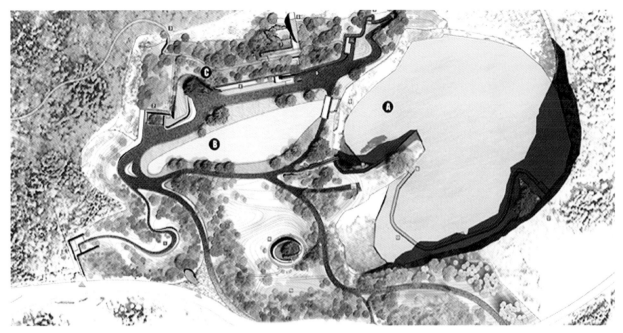

图 7-16 上海市矿坑花园总平面图。该处公园通过游览路径串联不同高程的层级变化。

图 7-17 上海市矿坑花园矿坑鸟瞰。人工辅助与自然做功正在一起修复这处裸露的矿坑。

掘，山体受到严重破坏，独特的人造地貌成为矿坑花园标志性景观。

　　矿坑花园总体面积为 4.3hm²，由高度不同的四个层级构成：山崖、台地、平台，及深潭。山崖突立，且表面风化严重；台地植被茂盛，并保留了 6 个出入山体的出入口（图 7-18）；平台部分为采石留下的断面，地势平坦；深潭面积约为 1hm²，与平台高差约为 52cm，潭水清澈，自然形成的岛屿和植被带来勃勃生机（图 7-19）（陈伟良等，2013）。

图 7-18 上海矿坑花园的入口空间。

图 7-19 上海矿坑花园的镜湖。

图 7-20 上海矿坑花园瀑布及落云梯。这些景观空间是利用地形变化创造出来的。

图 7-21 上海矿坑花园的栈桥。高低变换的栈桥能让人从不同角度体验矿坑景观。

该公园的设计立意源于中国古代"桃花源"隐逸思想,极具东方山水意韵。该设计师利用现有山水条件,通过布置瀑布(图 7-20)、天堑、栈道(图 7-21)、水帘洞、穿山洞等与自然地形密切结合的内容,深化人对自然的体悟。同时充分利用山体皴纹,赋予其中国山水画的形态与意境。针对场地生态环境严重退化的现状,设计师选择采用"加减法"策略对采石矿坑进行修复。"加法"策略主要针对大部分地势平坦的区域,通过地形重塑覆盖采石场地表裸露的坚硬岩石创造种植条件,通过人工种植增加植被覆盖率,构建新的生物群落。"减法"策略则主要针对裸露的山体崖壁,在出于安全考虑的前提下,尽量减少人工干预,沐阳光,浴甘霖,崖壁在自然条件下进行自我修复,天然去雕饰,自成景致。同时设计师选用锈钢板墙、毛石荒料进行景观重塑,烘托了曾有过的工业时代气息,成功营造了后工业景观。

矿坑花园的设计在生态修复与文化重塑策略的基础上，以增加链接方式的手段，最大化地发掘场地潜力。将一度危险的、混乱的废弃地转变为兼具自然山水体验和采石工业文化体验的观光地，其转化途径对其他存在基岩出露区的理性开发有一定的借鉴意义。

第三节
滨水修复：方兴未艾

水问题是当代中国快速城市发展之殇。中国目前有 80% 以上的河流都遭受了不同程度的污染，城市洪涝灾害强度以及频率都在不断增加，整体水循环系统破坏严重（刘晓涛，2003）。针对这些问题，国内已经开始着手进行滨水区修复的研究与实践，艺术上的尝试，生态上的探索，不同的设计理念和方法不断更迭运用，力图寻求对滨水区更合理的保护与利用途径。

活水公园是我国将艺术和生态方法结合的较早实践案例。活水公园位于四川省成都市中心的

图 7-22　四川省成都市活水公园局部鸟瞰。艺术化设计的人工湿地污水处理系统就坐落在府南河边。

府南河边，占地 24000 平方米，早在 20 世纪 90 年代末就开展了综合性水质治理，并被用作公园建设（图 7-22）。它是目前世界上第一座以水为主题的城市生态环保公园，引入国际先进的"人工湿地污水处理系统"，由中、美、韩三国的水利、园林、环境、雕塑等专家共同设计，精心建造而成（张路，2011）。

公园由人工湿地生物净水系统、自然森林群落模拟和环保教育馆三个主要部分构成，平面构

(1)

(2)

图 7-23　四川省成都市活水公园的植物塘。它是公园净水系统的重要组成部分。(1)(2)

图 7-24 四川省成都市活水公园的养鱼塘。净水系统的一部分，通过鱼塘系统净水。

图 7-25 四川省成都市活水公园的流水雕塑池。这些雕塑兼具功能性与艺术性，成为有趣的休闲空间。

图呈鱼形，取"鱼水难分"的象征意义，寓指人类、水、自然之间"水乳交融"的依存关系。鱼形的整体平面上，以绿地分割各个景观区域以及通行流线，再以从鱼眼到鱼尾的水处理系统串联各分块。园内的净水系统主要由厌氧沉淀池、水流雕塑池、曝氧池、植物塘（图 7-23）、植物床、养鱼塘（图 7-24）等构成，通过植物、微生物及原生物、鱼类等对水质的多级过滤、吸收、转化每天平均可净水 $200m^3$。

"功能艺术化"是活水公园最突出的特点，艺术家参与到景观的设计中，通过艺术设计手法表现园内不同的功能设施，使其兼具艺术性与功能性。流水形式的雕塑则是全园"功能艺术化"的代表，由美中两国雕塑艺术家共同创作而成（图 7-25），引入了国外专利净水技术，集充氧作用和美化环境功能于一体，艺术性地再现了千姿百态的流水造型。

活水公园体现了城市园林自然的生态特性，给人们带来美好的、人性的、艺术的公共环境。设计过程中兼顾公园的生态属性和美学属性，营造了兼具艺术性与功能性的景观空间，完整地展示了流水在自然中由浊变清、实现生物净化的全过程，唤起人们热爱自然、保护自然的激情。它作为成都市府南河综合整治工程的代表作，被誉为"中国环境教育的典范"。

同样是艺术手法，2003 建成的浙江省金华市义乌江大坝则显得更加大气与冷酷（图 7-26）。义乌江流过金东新区的中心城区，义乌江大坝是金华城市规划"三河六坝"的一部分，项目部分义乌江长 5.8km，宽约 200～350m，项目面积 $159.5hm^2$。在此区域，义乌江项目建设前，大坝只是一个常规的混凝土护岸，水深 2～6m，防洪标准是 20 年一遇。重新设计的滨水地带包括坝体外边缘 80m 宽的绿化隔离带，通过融合大坝和绿化隔离带，给城市增加了水的意象，丰富人们的生活。

图 7-26　浙江省金华市义乌江大坝。在尺度巨人的坝体的映衬下，植物和人都显得非常渺小。

(1)

(2)

图 7-27　浙江省金华市义乌江大坝的礁石雕塑。灵感来自于一首诗《礁石》。(1) (2)

图 7-28　浙江省金华市义乌江大坝的景观小品。

　　设计师根据著名诗人艾青的诗歌《礁石》（创作于 1978 年），在堤坝上创作了"礁石"主题雕塑。该雕塑采用天然石材砌成，表面呈台阶状，能够根据日照的不同角度，产生不同的光影效果。在河流弯道的迎水面，城防工程与城市雕塑联系到一起，巧妙地将艾青的诗歌《礁石》意境融入其中。义乌江大坝用夸张的艺术手法实现了防洪固堤要求的同时提供一定的休闲游憩功能（图 7-27，图7-28）。

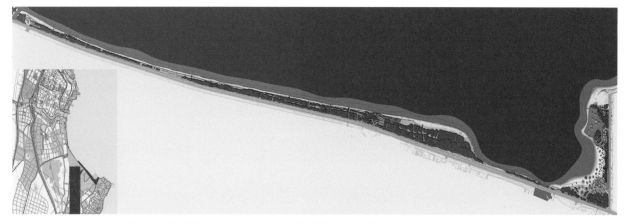

图 7-29 河北省秦皇岛湿地公园总平面图。该公园非常狭长,顺海岸线一路延展。

作为滨水区修复的另一个案例,河北省秦皇岛湿地公园则强调重新建立滨水生态系统,在维护脆弱的海滨生态系统的同时兼顾游憩功能(杨云峰,2010)。2008年建成的秦皇岛滨海景观带,位于河北省秦皇岛市渤海海岸,长6.4km,面积为6000hm²。过去对滨海景观的盲目开发导致湿地植被迅速退化、沙滩受到海水严重侵蚀。为了恢复受损的海滨自然生态系统,向游客和当地居民展现曾经风光宜人的滨海景观之美,设计师将场地分为三个具有不同功能指向的连续区域,并采取了相应的生态修复措施(图7-29)。

一区将木栈道作为生态修复策略。一区海岸多风,分布有沙丘以及各种环境适应性较强的植物群落(图7-30)。沿海岸修建的底层架空的木栈道(图7-31),保留原有丰富的当地植被并加以扩充、修整,在满足人们亲水活动需求的同时避免了人的活动对滨海湿地生态系统的直接干扰。

图 7-30 河北省秦皇岛湿地公园的野草之美。

图 7-31 河北省秦皇岛湿地公园的栈道景观。一区沿海栈道隐藏在芦苇荡中。

图7-32 河北省秦皇岛湿地
公园二区及三区鸟瞰图。

图7-33 河北省秦皇岛湿地
公园的木栈道和廊架。

图7-34 河北省秦皇岛湿地
公园的鸟类博物馆。

二区寻求湿地恢复与博物馆建设的结合（图7-32）。二区在采取修建木栈道保护湿地环境的基础上（图7-33），在场地的中心区毗邻被称为国家级鸟类自然保护区的潮间带的退化湿地处新建一座鸟类博物馆（图7-34），用于展示鸟类相关的科普知识。此外，结合鸟类生活习性，在适宜的地点修建鸟类观察塔，为鸟类爱好者提供观鸟场所。

三区则重点强调岛屿和生态友好的碎石堤岸。三区位于项目的最东边，场地原址是一个由水泥堤防构成的公园，将原有的硬质水泥堤改造成生态友好的碎石堤岸，在水泥堤上覆土后，种植适宜的、可发展成稳定群落的乡土植物，不仅可以保护海岸线免受侵蚀，更能通过减小地表径流的方式有效减小海水对堤坝的侵蚀，并且具备更好的雨洪调节能力和景观效果。

秦皇岛滨海景观带的滨海生态恢复工程根据场地不同区域的受损状况和功能需求采取了多种相应的再生设计方法，经过数年的努力，成功地将约10公里长、生态环境严重破坏的海岸，修复成兼具生态、游憩、教育功能的场所，可谓是"以最小的工程成本获得最大的收益"。

同样在秦皇岛，汤河滨河公园采用最简洁、最小干预的方式对环境条件极差的荒地进行了一次创造性的尝试。该项目以"保护和完善一个蓝色和绿色基底"为设计目标，即丰富乡土物种，包括增加水生和湿生植物，形成一个乡土植被的绿色基地（俞孔坚，2010）。景观设计着眼于健康河道生态系统的构建，成功跳离了过去河道旁边做大量的硬质、亭台楼阁等既破坏河流生态又劳民伤财的景观设计模式（图7-35）。

图7-35 河北省秦皇岛市汤河滨河公园总平面图。该项目力求恢复河道生态系统，完善当地的蓝色和绿色基底。一条红色飘带在绿色基地上蔓延500多米。

图7-36 河北省秦皇岛市汤河滨河公园的红飘带。这处森林里的红飘带用最小的干预实现了多种社会功能。

图7-37 河北省秦皇岛市汤河滨河公园的公园小径。小径沿红飘带而建，曲折蜿蜒地引导人们的景观体验。

图7-38 河北省秦皇岛市汤河滨河公园的野草。野草与红飘带形成对比，相得益彰。

　　景观设计中除了最大限度地保留场地原有的乡土植被和原生生境外，还在绿色基地上设计了一条绵延500多米的红色飘带，整合了多种城市功能：与木栈道结合，可以作为座椅（图7-36）；与灯光结合，而成为照明设施；与种植台结合，而成为植物标本展示廊；与解说系统结合，而成为科普展示廊；与标识系统相结合，而成为一条指示线。红飘带由玻璃钢构成，曲折蜿蜒，时蜿蜒时平缓，因地形的变化和植物的有无而发生宽度和线型的变化；中国最传统的红色与大自然最纯粹的绿色形成鲜明的反差，使得整个项目更具视觉冲击力（图7-37、图7-38），艳丽的红色与夏日的绿还有冬日的白彼此映衬，成为鲜明的引导性符号，完美地装点了河岸的景色（图7-39），

图 7-39 河北省秦皇岛市汤河滨河公园的冬景。冬季树木落叶后，艳丽的红飘带和白雪形成肃静而又鲜明的景观效果。

唤来了一条河流的新生，亦成为一座城的标志。同时，设计师在河岸、森林间、湿地边缘也设置了一系列由步道和木质栈道组成的道路网络，连续的自行车和步行系统使本公园成为慢行者的天堂，另外结合景观质量评价和人体工程学，设计师还在路网周围适宜的位置设置平台和休息亭，

增加森林景观的吸引力和可停留性。

红飘带的设计是对环境条件极差的城郊荒地和垃圾场进行景观改造的一次创新性的尝试。最大限度地保护了场地的自然过程，在此基础上，用最简洁、最小干预的方式插入一条可达性较强的路径，该路径既满足居民的游憩、科普需求，

图 7-40 浙江省黄岩永宁公园的场地原状。设计之前，永宁河河岸全是硬质化的。

又将艺术融于自然，可谓一种新颖的景观设施形式（俞孔坚，2010b）。

　　同样是基于生态的考量，永宁江公园本着与洪水为友的思想，通过拆除水泥护岸，应用乡土物种的方式来表达对场地的尊重（吴智刚，2006；俞孔坚，2006）。永宁河公园位于浙江黄岩的永宁江右岸，东起西江闸，西临 104 国道，用地面积约为 21.3hm²，沿岸约 1.5 公里。以往不恰当的人为干扰，尤其是河道硬化和裁弯取直（图 7-40），改变并恶化了河流的动力过程，导致两岸植被和生物栖息地被破坏、河流形态改变、周期性爆发洪水灾害，河流的休闲游览价值损毁严重。

　　针对永宁河洪水多发的问题，设计师提出了面向整个河谷的雨洪管理方案（图 7-41，图 7-42）。方案包括：停止河道渠化工程，并采用多种生态方式进行改造；在软化的河渠上栽植抗性强的乡土植物，以形成稳定的乡土植物生态系统，逐步恢复河道的生态活力。通过暴雨过程分析对洪泛区进行改造，明确了雨洪安全系统 1 年、

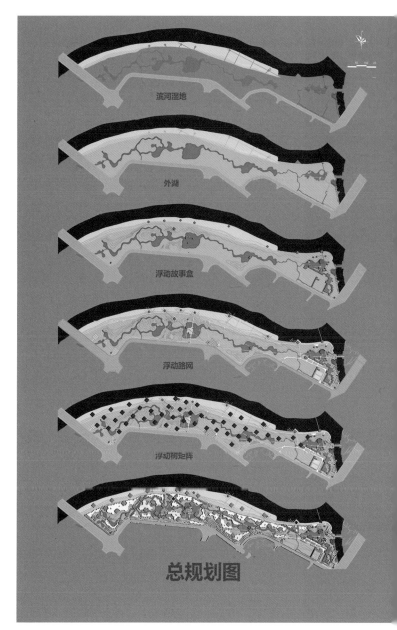

图 7-41 浙江省黄岩永宁公园总规划图。该规划综合了多种生态安全格局的分析。

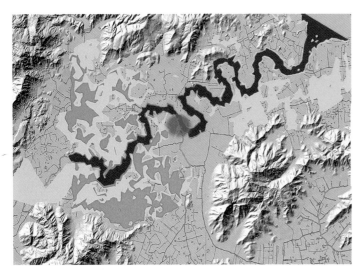

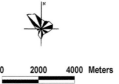

0 2000 4000 Meters

■ 十年一遇洪水洪泛区

二十年一遇洪水洪泛区

五十年一遇洪水洪泛区

/\ 现存水系

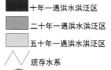 公园位置

图7-42 浙江省黄岩永宁公园的雨洪分析图。

图7-43 浙江省黄岩永宁公园的河岸湿地。

图7-44 浙江省黄岩永宁公园的外湖景观。

5年、20年和50年一遇的河流洪泛区，并以此为基础对其进行生态改造，扩大部分河道的浅水滩地，形成浅潭、滞流区或人工湿地。并在河岸西侧营建带状内河湿地：内河湿地作为滞洪区，可有效减少地表径流损失、缓冲雨季洪灾，减缓雨水对永宁河河道的侵蚀，雨季蓄水旱季补水（图7-43）。同时，这样一个内河湿地系统也为乡土物种提供了一个栖息地，创造了丰富的生物景观，在改善生态系统服务功能的同时，也为市民提供了富有特色的休闲空间（图7-44，图7-45）。

永宁公园是一个以河流修复和改造为主的景观案例，在生态设计的理念和方法的指导下，设计师提倡通过改造和恢复河流自然形态、逐步建立稳定的滨河湿地系统的方式来实现雨洪管理。永宁公园以简约、现代的设计风格为基调，兼具生态保护、人文观赏、休闲健身等多种功能，具有强烈的时代色彩和乡土风情（俞孔坚，2006）。

江苏省昆山市花桥吴淞江湿地公园也是一个滨水生态修复方案，它的主旨是改善吴淞江日益

图7-45 浙江省黄岩永宁公园的平台。这处景观具有雨水回收功效且人们可以在此休憩。

严重的水污染问题。这个项目以滨水区重建为指导，意图对后工业化取土坑和逐渐分化的水网重新利用。本着保护和利用当地土壤、水文、植被和材料的原则，设计师分析了土壤保护、雨洪管理、水体处理、湿地处理等方面，提出了生态修复的试行建议，最终形成了"一个湾，两个中心，三个景观带，四个功能分区"的方案（图7-46）。一个湾是指吴淞江相对独立的内湾，可以提供生态水体自净化功能，两个中心指的是南北相望的华侨论坛中心和渔人码头，三个景观带是生态内湾，鸡鸣塘滨水景观绿化步行轴和现代江南水街，四个功能分区则分别指生态湿地净水公园、会议休闲功能区、商业娱乐码头区和门户公园。

在这个方案中，最大的亮点就是净水公园的构思。设计中保留了场地内原有的一块江滩湿地，利用狭长的场地条件，改造为内河湿地，绵延4公里，形成了一个富有生命的水质净化系统，将外河的劣五类水，通过北端进水口泵站引入内河湿地，缓慢流经过滤墙、深水池、浅滩水生植物

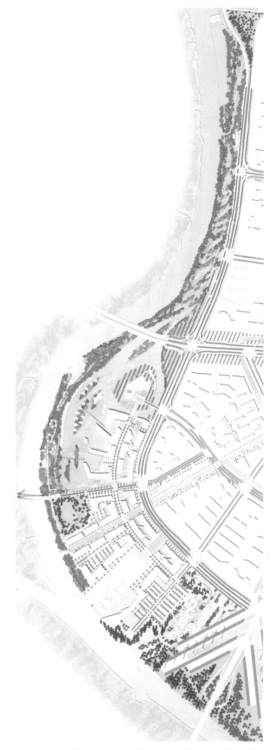

图7-46 江苏省昆山市花桥吴淞江湿地公园总平面图。

图 7-47 江苏省昆山市花桥吴淞江湿地公园的净水系统。净水公园中有带进风口的喷泉和沉淀池。

图 7-49 江苏省昆山市花桥吴淞江湿地公园的滨江慢行车道。

图 7-48 江苏省昆山市花桥吴淞江湿地公园的水处理沟和换气池。

图 7-50 江苏省昆山市花桥吴淞江湿地公园的景观桥。

区、深水曝气区，通过过滤、沉淀、曝气，土壤和植物及微生物的净化，逐步净化至四类净水并重新回归使用。"净水公园"处于吴淞江滨江景观带的龙头位置，改善后的清水缓缓流入景观带主功能区，确保了主功能区的清水优势（图 7-47，图 7-48）。

吴淞江滨江景观带绿色廊道系统，围绕吴淞江的地势展开，将园路、防汛堤岸慢行车道和滨江路慢行车道整合为一体，形成一个层次丰富的

图 7-51 江苏省昆山市花桥吴淞江湿地公园的复合型生态廊道。这里既有物种多样性，又能净化雨水还能为游人提供游憩空间。

多功能复合型生态廊道（图 7-49，图 7-50，图 7-51）。该设计重视本土植物的使用，保留了基地原有的乡土物种近 10 余种，保证了植物的乡野属性，易养、易维护也极具地方特色和亲切感。同时利用生态系统中的物理和生物的双重协同作用，通过过滤、吸附、沉淀、植物吸收和微生物分解来实现对污染水体的高效净化，为鱼类、鸟类提供适宜的栖息场所，也不乏是一个出色的环境教育场所。

第四节
类园博园：遍地开花

造园历来是中国园林的建设重点和优势，当代中国的造园工程除却植物园等传统项目外，在 20 世纪末又增添了新的内容——博览会。1999 年中国昆明举办了以"人与自然——迈向 21 世纪"为主题的世界园艺博览会，拉开了中国各项博览会的序幕，此后大型博览会还有 2006 年沈阳世界园艺博览会，2010 年第 41 届上海世界博览会，2011 年西安世界园艺博览会等等。除却世界园艺博览会，其间顺势发展起来的各种博览会

图 7-52 上海世博公园鸟瞰效果图。这处公园是世博会园区的中心绿地。

公园也如雨后春笋一般在中国大地上遍地出现，既有国家级的园林博览会、花卉博览会、绿化博览会，也有省级自己筹办的博览会等，各类型园林展园的面积一般在 100hm² 以上。这些博览会虽然有时会出现内部展园风格雷同以及空间细碎的问题，但整体而言，各个类园博园都在所在的区域发挥了带动地方经济发展的作用，并为各种新设计思想提供了很好的发挥舞台，精品设计层出不穷（南楠，2009；王向荣，2010）。

服务于上海世界园艺博览会的上海世博公园通过秉承人与自然和谐共处的生态设计理念，有效综合了城市构成、生态、经济、社会等多个层面的效益。世博公园被规划为世博会园区的中心绿地，规划用地面积约 23.73 公顷（图 7-52）。设计师准确地把握了世博公园的场地特点，提取由长江所携带的泥沙在入海口不断淤积形成的"滩"和"扇"的形态，以"滩"为机理，利用"滩"的概念将水体、道路、场所、设施、绿化等景观元素联系在一起，进而将场地空间分为滩、折扇两个系统体系并叠加，形成高低错落的自然风貌。为城市健康向上的生活提供了不同于其他城市开放空间的临水空间，为城市人文景观的形成提供了良好的背景环境（戴军，董楠楠，2010；朱胜萱，朱旭，2010）。

设计师以"江滩·扇骨"为设计结构展开设计；基地东西长，南北较窄，整个呈扇面展开，按照防洪设计的防洪标高要求，将基地从江面开始向浦明路逐步进行抬高。抬升的扇形基地成为折扇的"扇面"，按风向走势而特意栽植的乔木引风林作为"扇骨"，将整个滩的景观构成比拟为中国的水墨山水画，整个扇面缓缓从江面升起并展开，如同中国传统折扇优雅地在微风中打开，在雅致的扇骨下呈现出立体的山水长卷。

从城市的构成来看，世博公园是构成上海滨江公共开放空间的重要组成部分，水体和绿化的并存尤显其独特和重要之处（图 7-53，图 7-54）；在生态层面上，世博公园构建了人与自然和谐共处、均衡发展的良性空间，成为构筑上海城市人工生态系统的重要部分；从经济层面上讲，世博公园具有高品质的旅游资源潜质，对周边商业开

图 7-53 上海世博公园的飞虹桥。

图 7-54 上海世博公园的绿色屋顶。覆土屋顶使得行人可以在上面行走。

图 7-55　上海世博公园内的大草坪。

发具有重要的连带提升价值；在社会层面上，它提高了城市的区域可居性，以水域为焦点，构成了上海最具活力的开放性空间之一（图 7-55）。

　　紧邻世博公园的后滩公园则以其独特的生态定位受到各方瞩目。它位于上海世博会围栏区西南角，场地原是一家钢铁厂和一个船坞，保留有部分工业建筑和废弃的工业材料（图 7-56）。设计中面临三大挑战；第一是恢复工业污染的环境，第二是改善防洪控制功能，第三是利用建筑场地的地形（图 7-57）。

　　设计师为此提出了"再生设计策略"，即将原工业场地改造成一个生态系统，以作为上海世博会生态文化的一大创新示范（俞孔坚，2010a）。首先，设计师沿滨江带构建起江滩湿地系统，保留并改善场地中黄浦江边原有 4 公顷的江滩湿地，并将沿江水泥硬化防洪堤和码头改造成生态型的江滨潮间带湿地，两者串联成为公园的外滩湿地系统（图 7-58）。同时构建人工内河湿地，配置一个由湿地植物带和梯田禾苗带组成的内滩湿地

图 7-56　上海世博后滩公园的场地原状。这里是一片工业废弃地。

图 7-57　上海世博后滩公园总体鸟瞰图。公园设计是滨海生态系统的再生。

图7-58 上海世博后滩公园的湿地景观。野草和乡土物种在这里发挥着净水的功效。

系统（图7-59）。外滩湿地和内滩湿地之间通过潮水涨落等自然渗滤相互联系，共同构成具有污水净化、减缓雨水对江岸侵蚀等功能的稳健的湿地生态系统，该湿地系统的净水量不仅可供世博公园的水景循环用水，同时还满足了世博公园与后滩公园绿化灌溉及道路冲洗等用水需要（图7-60）。

尽管有人质疑把黄浦江的劣五类水抽入园区的过程运营成本较高，但后滩公园本身充分发挥并实现了土地的生态系统服务能力，其再生的理念为后来的设计树立了一个良好的标杆。具体而言，它建立了一个可复制的水系统生态净化模式，

图7-59 上海世博后滩公园的栈道。穿行于湿地景观的栈道领导游人的自然体验。

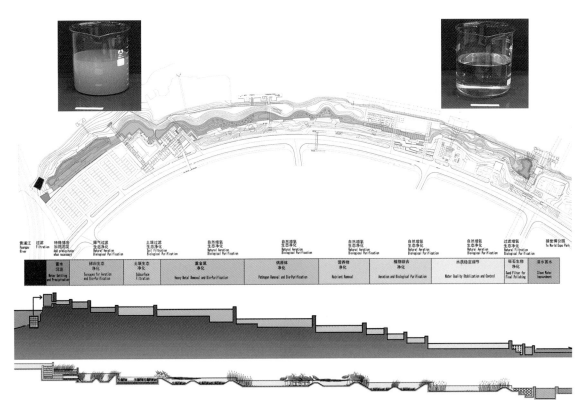

图 7-60 上海世博后滩公园水净化过程（大）。劣五类水被净化成景观用水，然后输入附近的世博公园。

利用人工湿地进行污水净化，实现了生态化的城市防洪和雨水管理，为解决当下中国和世界的环境问题提供一个可以借鉴的样板。

与之前的生态视角不同，细腻精致、空间序列意境十足的"四盒园"可谓独树一帜。2011年陕西省西安市世界园艺博览会设置了一个特殊的园区，在约1.8hm²的区域内，划出了9个面积各为1000m²的地块，请世界上最优秀的设计师设计9个花园，称为大师园。其中一处名为"四盒园"，来自于四合院的谐音，考虑花园应该有一个边界，并被围合起来。设计用1.6米高的夯土墙将花园围合起来，再利用石、木、砖等

材料建造了四个盒子，它们分别具有春、夏、秋、冬不同的气氛，形成四季的轮回。这些盒子和围墙一起，把花园分隔成一个主庭院，以及位于盒子后面和旁边约10个小庭院，形成与中国古典园林非常相似的结构，这也是中国园林的典型结构（陈嵩等，2013）。

花园的南部是两个出入口，木制的门可以开启和关闭。进入主要入口就是由白粉墙和石材建造的"春盒"（图7-61），跨过一座小桥，来到"春盒"的中央，坐在长椅上，透过墙上的门窗，主庭院的景色（图7-62）一览无余，视野开合有度，四周竹丛春意盎然，竹影斑驳，好不惬意。"夏盒"

图 7-61 陕西省西安市世界园艺博览会"四合园"内的春盒。白粉墙、绿竹影、木地板使得这里春意盎然。

图 7-62 陕西省西安市世界园艺博览会"四合园"内的冥思空间。直视水面的长椅提供了一处幽静的休息与思考场所。

图7-63 陕西省西安市世界园艺博览会"四合园"的夏盒。巧妙的光影设计以及倒影使得室内外空间趣味十足。

图7-64 陕西省西安市世界园艺博览会"四合园"的冬盒。皑皑白色传达冬的讯息。

是用木头做的一个花架屋，上面爬满葡萄，如同一个西北的农家院。由于木头的搭接方式不同，花架具有强烈的光影效果和戏剧性的视线通透体验（图7-63），屋里屋外，趣味十足。

"秋盒"由石头砌筑，这块狭小甚至略显局促的地块上，设计师成功地用乡土材料和简单的设计语言，创造出一个空间变化莫测的花园。最后的盒子是由青砖砌筑的"冬盒"。"冬盒"内外铺地都是白色砂石，如同皑皑白雪，给游人带来冬的讯息。游人到此可以选择走出院子，或者再一次进入春盒，开始新一轮的轮回（图7-64）。

该项目不仅传承了我国传统园林的典型结构，也遵循了我国古典园林中追求意境的文化传统。一年四季，冬去春来，四盒子用精妙的设计苦心孤诣地营造了季节轮回，以浓浓的诗意演绎了中国园林的空间情趣，游人于其中，或漫步或沉思，去体验，去感知，去思索人生（图7-65）。

(1)

(2)

图7-65 陕西省西安市世界园艺博览会"四合园"的中部空间。(1)(2)

第五节
湿地公园：日受重视

快速城市化直接导致中国大量原生湿地成片消失（周连义，2010），与此同时国人对于湿地重要性的反思也逐步被唤醒（崔心红，2004）。中国湿地的研究与保护均落后于发达国家，湿地公园作为城市湿地保护和合理利用的模式被各地接收与推广也才就是 10 年左右的时间。2004 年国务院办公厅颁布了《关于加强湿地保护管理的通知》，国家林业局于 2005 年颁布了《加强湿地公园发展建设有关问题通知》（汪辉等，2004；王浩，2008）；与此同时，2003 年建立的上海崇明东滩国际湿地公园、2004 年国家建设部首批的荣成市桑沟湾城市滨海国家级湿地公园、2005 年建立的西溪国家湿地公园——国家林业局首批的首个国家级湿地公园等相继开放，使得中国湿地公园的发展进入了一个小高潮期。时至今日，中国已经批准了 43 处国家湿地公园的建设试点。除却国家级，各种地方的湿地公园以及雨洪湿地等的建设也在全国不同地方展开。湿地公园不仅为市民提供了更加贴近自然的休憩场所，更是保护湿地的一项重要措施。在短短的几年中，湿地相关的科学研究与湿地公园建设的实践已如雨后春笋，湿地保护的成效指日可待。

湿地公园建设的一大出发点就是加强对已有湿地的保护，以避免大量珍贵的湿地进一步受到城市化发展的威胁。杭州西溪湿地公园的建设就是以保护原生湿地为出发点的。西溪国家湿地公园位于杭州市区西部，是目前国内第一个也是唯一的集城市湿地、农耕湿地、文化湿地于一体的国家湿地公园（何关新，2010）。设计师从水、村落及建筑、生物、历史人文依存、历史文化的调查与挖掘、文化评价六个方面分析西溪湿地的现状，加深对场地水形态、植被形态、村落及建筑形态、隐逸文化、民俗文化等场地典型特征的认识（图 7-66）。

在充分了解场地现状、把握场地典型特征的提前下，以湿地生态为基础，以历史文化为内涵，以综合利用为手段展开项目规划，运用了"生态优先"、"最小干预"、"修旧如旧"、"以人为本"等多种生态设计手法对水体、植物和村落进行整合，使西溪湿地公园具有独特的外观形态（图7-67，图 7-68）。

西溪湿地公园的建设充分保护了场地在自然条件下形成的河网港汊维持丰富的"荡、滩、堤、圩、岛"等景观，传承和延续场地内山、水、村、田的空间结构和功能布局。公园建设过程拆除了一些湿地上的违章建筑，并就此扩大水面，通过乡土植物的栽植以及对次生湿地内植物群落的保护等恢复其生态健康。公园的另外一大特色就是保护了当地的农耕文化。在保护场地内特有的上千个鱼鳞状鱼塘的地貌特征的基础上，传承原有的柿基鱼塘、桑基鱼塘的传统生产方式，以保留人与景观的互动，保证农耕文化的活力（图 7-69，图 7-70）。

整体而言，西溪国家湿地公园是我国在湿地

图 7-66 浙江省杭州市西溪湿地公园的自然风貌。遍布的水塘彰显了当地的水乡特色。

图 7-67 浙江省杭州市西溪湿地公园的建筑物。院落、路径等以古为范，凸显地方的文化特征。

图7-69 浙江省杭州市西溪湿地公园的龙舟赛。中国传统文化在这里得以继续传承。

图7-68 浙江省杭州市西溪湿地公园的局部鸟瞰。水乡人家的特色非常突出。

图7-70 浙江省杭州市西溪湿地公园的雪后景象。

公园领域一次大胆的尝试，并取得了一定程度的成功。规划中将生态恢复、遗产保护与旅游观光有机结合，探索出一条更有效、更积极的城市湿地开发模式。

西溪湿地以外，杭州还有一处美丽的规模相对较小的湿地公园，江洋畈生态公园。江洋畈实际上是一个人工湖泊沼泽化过程的结果。公园设计尊重了江洋畈特有的场地特征：首先对植被进行清理，去除四处蔓生的对其他植物有害的藤本草类以及死亡和濒临死亡的植株；然后根据植被

生长情况，划出一些区域作为保留地，作为这个地方自然演替的样本，在公园的建设过程中和未来的养护过程中不加干涉和改造，称为生境岛（图7-71，图7-72，图7-73）；再次通过微地形的调整使雨水排放到低洼处，与原有池塘和库区的排水系统联系起来。这些有序的雨水排放形成了一些新的池塘，也使更多的土地免于雨水的浸泡，利于植物的生长。同时引入一些具有一定观赏价值和生态价值的下层植物（如动物和昆虫的食源植物，蜜源植物和寄主植物），使植被群落更为

图7 71 浙江省杭州市江洋畈生态公园的生境岛。

图7-72 浙江省杭州市江洋畈生态公园的夏花。

图7-73 浙江省杭州市江洋畈生态公园的冬雪。

图7-74 浙江省杭州市江洋畈生态公园的栈道。悬浮于淤泥上的栈道是最少干预自然的游览路径。

图7-75 浙江省杭州市江洋畈生态公园的廊架。栈道上不规则的廊架自成一景。

丰富，景观更具吸引力，并为小型哺乳动物和昆虫提供良好的栖息场所。

景观结构上，设计通过一条悬浮于淤泥上的栈道将游客带入这个生态系统中，了解自然的力量以及人对自然的干涉所带来的改变。1公里多长的栈道在平面上蜿蜒曲折，在立面上高低起伏（图7-74），并结合了廊架、长坐凳和围栏，不仅带来丰富的视觉体验，也为参观者

提供了一系列观察平台和休息场所（图7-75，图7-76）。设计师还为公园设计了生动有趣的整套指示系统和科普教育内容，为游客提供了科学完善的生态教育机会，使公园成为一座露天的自然博物馆（图7-77）。

在这样一个极具挑战性的项目中，设计师通过深入研究现状自然生态系统，并运用生态学知识和手法，对基址做出了科学合理的干涉，推动它向一个健康的方向发展，并将人类活动限定在一个合理的范围之内，最终建立起一个人与自然和谐的系统。江洋畈生态公园不仅保护和改善场地原有的生态环境，而且提供了极为完善的生态教育内容，体现了公园的社会价值，是一座真正意义上的生态公园。

同样是在已有湿地基础上的衍生，黑龙江省哈尔滨群力国家城市湿地公园则融入了新的城市发展内涵，成为当地的"城市绿心"（占地34hm^2），并用于解决新区建设的雨洪排放和滞留问题。场地原为湿地，但由于周边道路建设和高

图 7-76 浙江省杭州市江洋畈生态公园的休息亭廊。在原有大坝上修建的休息亭廊可休憩可远眺。

图 7-77 浙江省杭州市江洋畈生态公园内的微地形。公园通过微地形变化收集雨水。

图 7-78 黑龙江省哈尔滨群力国家城市湿地公园实地鸟瞰图。围绕公园四周，新的城市建设正在起步。该公园可谓当地新城发展的中央公园。

图 7-79 黑龙江省哈尔滨群力国家城市湿地公园平面图。这处"绿色海绵"成为吸纳周围建设用地雨洪增长的最佳场所。

密度城市的发展，导致场地水资源枯竭，湿地退化，甚至面临消失的危险。面临这样的现状，景观设计团队的策略是将面临消失的湿地转化为雨洪公园，一方面解决新区雨洪的排放和滞留问题，使城市免受涝灾威胁，另一方面利用城市雨洪，恢复湿地系统，营造出具有多种生态服务功能的城市生态基础设施（图7-78，图7-79）。

设计保留了场地中部的大部分区域作为自然演替区，沿四周通过挖填方的平衡技术，创造出一系列深浅不一的水坑和高地不一的土丘，成为一条蓝－绿项链，形成自然与城市之间的一层过滤膜和体验界面。沿四周布置雨水进水管，收集城市雨水，使其经过水泡系统沉淀和过滤后进入核心区的自然湿地，山丘上密植白桦林，水泡中为乡土水生和湿生植物群落。高架栈桥连接山丘，步道网络穿越于丘林（图7-80）。水泡中设临水平台，丘林上有观亭塔之类，空间体验丰富多样。

图7-80 黑龙江省哈尔滨群力国家城市湿地公园的立体交通。它让游人能够从不同的角度体验湿地景观。

图7-81 黑龙江省哈尔滨群力国家城市湿地公园的生产性景观。

图7-82 黑龙江省哈尔滨群力国家城市湿地公园的荷塘。

哈尔滨群力国家城市湿地公园通过生态改造和景观设计创造性地解决了城市雨洪问题。在设计中，建立了城市"绿色海绵"，将雨水收集、净化并资源化，使雨水发挥综合的生态系统服务功能，有效地补充地下水，建立城市湿地，形成独特的市民休闲绿地等等（图7-81，图7-82），取得良好的社会和生态效益，使其目前晋升为国家城市湿地公园。该项目的成功实施可谓开拓了一条通过生态改造和景观设计来解决城市涝灾的有效途径。

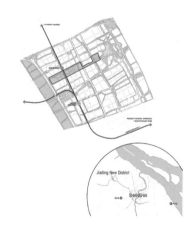

嘉定新区

155,500
预计未来人口

6,700,000m²
相邻的住宅开发
(72 million ft²)

3,200,000m²
相邻的商业区和混合用房
(34.5 million ft²)

(1)

和群力湿地一样，能够成为所在城市中央公园的，还有上海市嘉定新城紫气东来公园（图7-83）。该中央景观轴线从2007年开始概念设计，本来的基地是富营养化很严重的废弃农业河浜和工业污染水体，设计利用湿地恢复和乡土物种等办法对基地进行改善，现在已经水质清澈，有野生的鱼和水鸟重新回到该地区（图7-84）。同时，整个中央公园作为城市催化剂也大大带动了整个新区的开发，是景观城市化的一个很好案例。

公园内共造林 11.05hm²，保留现状树 3885 棵，预计每年可吸收 167 吨碳，降低环境温度 1.68℃～4.8℃。连续的林冠区及树冠高度不同的乔木为不同的野生动物提供了栖息地，可以吸收和储存大量的二氧化碳和空气中的有害物质，并降低城市热岛效应。新栽植物全部设计为长三角地区的乡土品种，既可以减少灌溉需求，又可以借此向社会推荐在城市景观实践中使用本土物种，有利于倡导和维持本地的生物群落和生物多样性（图7-85）。

公园还设计了成熟的雨水径流管理系统，包括大面积湿地，沿路的生物过滤区和沿河的植物

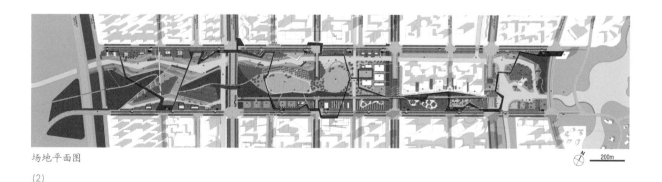

场地平面图

200m

(2)

图 7-83 上海市嘉定新城紫气东来公园区位以及规划图。城市建设围绕这个中央公园展开。(1)(2)

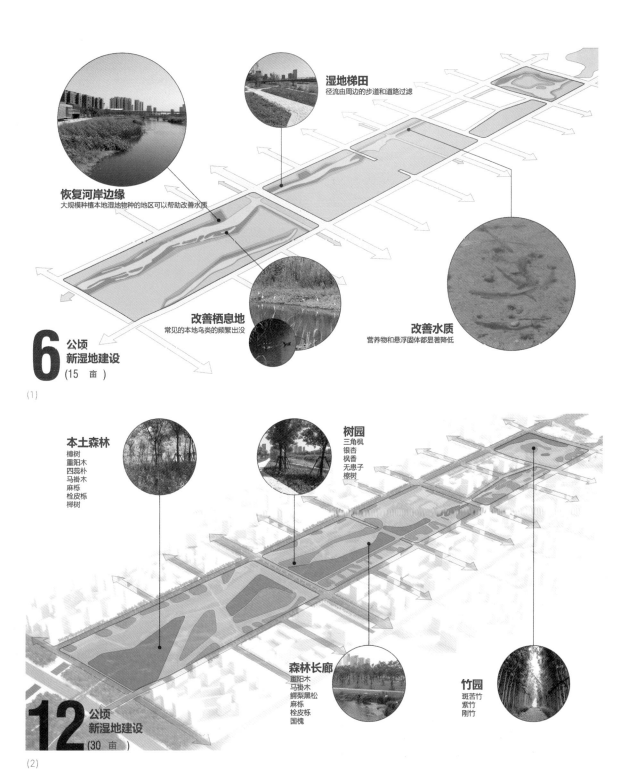

湿地梯田
径流由周边的步道和道路过滤

恢复河岸边缘
大规模种植本地湿地物种的地区可以帮助改善水质

改善栖息地
常见的本地鸟类的频繁出没

改善水质
营养物和悬浮固体都显著降低

6 公顷
新湿地建设
（15 亩）

(1)

本土森林
樟树
重阳木
四蕊朴
马褂木
麻栎
栓皮栎
榉树

树园
三角枫
银杏
枫香
无患子
橡树

森林长廊
重阳木
马褂木
鳄梨黑松
麻栎
栓皮栎
国槐

竹园
斑苦竹
紫竹
刚竹

12 公顷
新湿地建设
（30 亩）

(2)

图 7-84 上海市嘉定新城紫气东来公园的生态策略。设计通过不同的生态途径及工法恢复健康的生态系统。(1) (2)

(1)   (2)

图7-85 上海市嘉定新城紫气东来公园的乡土植物群落。设计通过保护场地内原有的树木并增加新的乡土物种营造长江流域的本土生态群落，并注重景观特色的营造。(1) (2)

过滤带等，通过物理过滤、植物修复、土壤与金属的综合作用，最终达到净化地表径流和净化运河水质的湿地总面积为 4.67hm²，足够处理来自公园全区周边和内部道路以及科教中心建筑的雨水径流（图7-86）。湿地的重建也恢复了一系列包括开放水体和湿地在内的栖息地，为多种野生动物提供育种和觅食区及活动走廊（图7-87）。

公园共分为 5 个区，活动内容与周边的用地性质相匹配，公园周边被多种用地围绕，包括市政、办公、住宅、商业零售等，有助于把不同的人群在不同时段带入公园，活跃公园的气氛（图7-88）。公园的五个区分别是社区活动区、建设区、政府和科教中心区、交口茶座区（图7-89）和湖区，通过多样的景观和社区活动场所创造了多元的空间体验，使紫气东来公园既服务于周边人群，又是整个城市生态系统的重要节点，对整个城市的

(1)   (2)

图7-86 上海市嘉定新城紫气东来公园的湿地景观。这些湿地能够有效处理周边雨水径流。(1) (2)

图 7-87 上海市嘉定新城紫气东来公园的生境建设。公园内不同的地方被建设成不同的生境以达到人与自然的和谐。

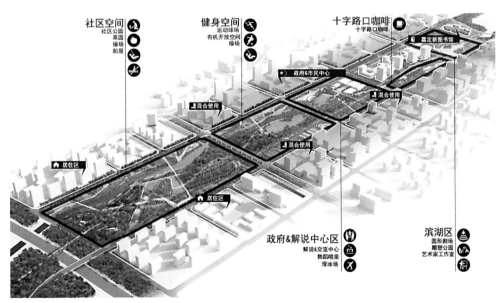

图 7-88 上海市嘉定新城紫气东来公园的空间定位。不同的区域定位与周边的城市建设密切结合。

(1)

(2)

图 7-89 上海市嘉定新城紫气东来公园的交口处景观。茶座水池和竹林将使用者引入公园。(1)(2)

图 7-90 天津市桥园公园的场地原状。土壤盐碱化严重的废弃地。

可持续性起到了至关重要的作用（张斗，2012）。

除却在已有湿地基础上衍生的湿地公园，中国还有不少湿地公园是利用废弃地人工建设而成。天津的桥园当属很有特色的一处人工湿地公园。桥园位于天津市河东区，占地 22hm²。公园东、南两侧为城市主干道，西北朝向卫国道立交桥。场地原为打靶场，北侧有一土堤，地势低洼，有废置的鱼塘若干。地面建筑物已被拆除，残留杨、柳树若干，土壤盐碱化非常严重（图 7-90）。

为了绿化公园中心区并逐步解决土壤盐碱，设计师提出构建一个让自然做工的"调色板"。在场地内开挖了 21 个直径幅度从 10～40m，凿挖深度从 0.5～2m 的大小深浅各异的坑洞（图 7-91）。并在这些坑穴中栽植能够适应其水位和土壤 pH 值变化的乡土植物，以形成乡土植物群

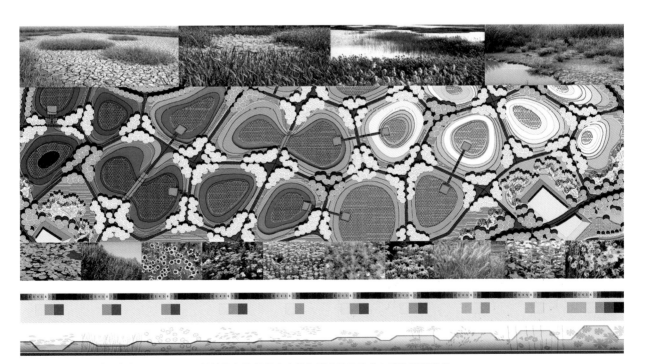

图 7-91 天津市桥园泡泡平面图。公园设计将泡泡状的乡土植物群落作为改善土质的基础设施。

(1)

(2)

图 7-92 天津市桥园公园夏季（左）和秋季（右）泡泡效果。(1) (2)

(1)

(2)

图 7-93 天津市桥园公园内的景观平台。这里是人们亲近自然的场所。(1) (2)

落景观。在雨水的不断冲刷过滤下，无水坑穴内的土壤盐分将随雨水径流在深坑中逐步沉积，因此无水坑穴内的土壤盐碱度得以降低，土质得到改善（图 7-92）。

为了有效改善场地内垃圾遍地、污水横流的生态环境现状，设计通过修复和构建湿地生态系统来实现对场地内的污染严重水体的过滤和净化。穿插在湿生植物群落间的木制栈桥，与可供小憩的木质平台或荫棚相连，为人贴近自然提供了场所，可谓湿地植物展示的科普走廊（图 7-93）。

天津桥园通过构建湿地生态系统等生态修复方法，增强了场地的雨洪调节能力，缓解了因减少雨水径流损失带来的地下水位下降，改善了土质的盐碱化现象，实现了对生态环境的修复，并在此基础上营建供人游憩的栈道、平台等景观空间，成功地将城市的废弃地恢复为城市绿地和公共活动空间（图 7-94，图 7-95）。设计中蕴含的生态城市理论和新美学观，为我们提供了一个改善城市废弃地环境的新思路。

图 7-94 天津市桥园公
园局部鸟瞰。泡泡散落
在公园里。

图 7-95 天津市桥园公
园局部效果。乡土物种
开出灿烂的鲜花。

第六节
其他公共公园：蒸蒸日上

城市公园不仅是城市绿色基础设施的重要部分，更是城市居民的主要休憩娱乐场所（王睿，王明月，2013；郑曦，2012）。在居民基本生活水平日益提高的基础上，如何提高人居环境质量被越来越多地提上议事日程。很多城市公园从定位上一直是市民日常散步、运动、锻炼等活动的主要物质载体，是市民释放自我、享受生活的空间。随着市民对城市公园的功能需求越来越多，城市公园的设计也在趋于多维化的同时更加注重人的实际功能。这里重点介绍两个比较典型的能够满足市民多维休闲需要的案例，奥林匹克森林公园和广州天河新区儿童公园。

2008奥林匹克森林公园虽为奥运会而建，但却成为非常成功的综合市民公园。奥林匹克森林公园坐落于北京古老中轴线的北端，是北京市最大的公共公园。北京城市中轴线的特殊地理位置决定了公园需要展现出中国传统文化的精髓，与奥运主题相结合决定了公园"城市的绿肺和生态屏障、奥运的中国山水休闲后花园、市民的健康森林和休憩自然"的功能定位。这块湖光山色、诗情画意的场地中不仅延续历史文化的风韵，同时满足了现代社会市民对于公园的需求，具有时代精神，可以说是城市居民的"世外桃源"（胡洁等，2007）。

公园被北五环路自然分割成南、北两部分（图7-96）。其中北园占地约300hm^2，其景观设计以生态保护与生态恢复功能为主。由于场地内自然山水格局以及植物分布状况较好，其景观设计基本保留了原有的自然地貌和植被，并通过减少人工设施设置的方式来控制游人量，为动植物的生长、繁育创造良好环境（图7-97）；南园占地约380hm^2，以休闲娱乐功能为主要功能，两园之间以生态景观廊道相连接（图7-98）。该园利用山环水抱的空间格局构建起大型自然山水景观，营造出大气的空间意境，并通过基础服务设施的完善和景观节点的营造，丰富了场地的休闲娱乐功能，为市民百姓提供了良好的生态休闲环境（图7-99）（董丽等，2007）。

纵观全园，主峰名为仰山，主湖名为奥海，呈现山水错落、负阴抱阳的空间布局（图7-100），取"仁者乐山，智者乐水"的意境，突出"一峰则太华千寻，一勺则江湖万里"之意，寓指奥运精神长存不息、中国文化传统发扬光大（图

图7-96 北京奥林匹克森林公园总平面图。南园以休闲娱乐为主，北园以生态保护为主。

图 7-97 北京奥林匹克森林公园北园的初春景观。

图 7-100 北京奥林匹克森林公园南园内的仰山奥海。

图 7-98 北京奥林匹克森林公园的生态景观廊道效果图。该廊道连接南园北园，是游人的穿越通道。

图 7-101 北京奥林匹克森林公园的叠石。位于主山西南余脉，别名临泉高致。

图 7-99 北京奥林匹克森林公园的森林小剧场。

图 7-102 北京奥林匹克森林公园的人造湿地。位于仰山西北部，是北京乡土植物群落。

图7-103 北京奥林匹克森林公园的跌水花台。花台是湿地由西向东利用高差形成的。

图7-104 北京奥林匹克森林公园的奥运主题雕塑。

图7-105 北京奥林匹克森林公园内的活动空间。开阔的场地使得奥森公园成为市民聚集的最佳场所。

7-101），其山水空间富含人文理念。奥林匹克森林公园力求在塑造"虽由人作、宛自天开"的空间序列的同时（图7-102，图7-103，图7-104），实现对中轴线上中国传统文化的传承和升华（胡洁等,2007）。

在特殊时期、特殊地点诞生的奥林匹克森林公园，是中国传统园林造园方法与现代园林理念结合的一次有益的尝试。全面应用当代最先进的园林建造技术和生态环境科技，基于生态规划、生态设计的理念和方法，通过对场地内林地、草地、湿地、水域等系统规划，恢复其动植物群落以构建稳健的生态系统，改善周边居民的生活环境，为市民提供一个休闲娱乐的城市后花园（图7-105，图7-106）。

东省广州市天河区儿童公园是以特殊人群为核心的市民公园。以计划生育放松，开放二胎政策为背景，中国儿童的发展以及成长环境是非常值得关注的议题，而城市中的孩子也出现接触自

图7-106 北京奥林匹克森林公园里的帐篷群。奥体公园内的帐篷凸显了中国特色的露营形式，即白天在公园里搭帐篷。与国外露营意味着在郊野过夜不同，每到周末白天，奥体公园树下遍布帐篷，市民在这里享受难得的绿色与闲暇，而到了晚上则所有露营者都会被请出公园。

图 7-107 广东省广州市天河区儿童公园规划平面图。游乐设施分散在绿色开放空间之中。

(1)

(2)

图 7-108 广东省广州市天河区儿童公园入口及内部景观。有机的几何形式和跳跃的斑斓色彩非常符合儿童的需求。(1)(2)

然的机会越来越少的趋势。儿童公园作为儿童户外活动的场所，是儿童"游戏"行为的主要物质载体。然而中国真正的儿童公园还很少，往往是与综合公园或各类主题公园共存或合并。2012年广州市政府率先提出"2+12"的儿童公园建设规则，要求"区区有儿童公园"。积极的儿童户外活动氛围、优质的景观环境，会对儿童的身心健康起到重要的促进作用。

广州市天河区儿童公园是国内一处比较系统的集科普教育、儿童娱乐、亲子休闲、自然生态于一身的儿童公园（图7-107，图7-108）。公园的主题以"星河童年——橄榄园里的智慧王国"童话故事展开，故事分为星河之门、蓝色家园、星星乐园、奇幻王国、智慧城堡五幕场景，规划设计由此展现五大特色的功能分区（图7-109）。以"满足儿童使用特点、突出儿童趣味开发"为设计原则，在功能布局上考虑按年龄段活动特征分区布局，空间尺度和场所细节充分考虑儿童安全性。在视觉形态方面，从儿童审美角度出发，营造色彩鲜艳、形态特殊的活动场所。为完善配套服务设施，向儿童及家长提供多功能服务。除了儿童玩乐为主的场所，设计中还考虑到儿童教育及家长需求，设置科普生态园地、亲子活动区、母婴服务区、成人陪同设施等成人辅助功能。集"科普教育、儿童娱乐、亲子休闲、自然生态"于一体，天河儿童公园力求以丰富多彩的形式为周边居民及儿童，提供与自然共处的机会。

(1)

(2)

(3)

图7-109 广东省广州市天河区儿童公园的景观实景图。多样化的儿童体验在这里得以实现。(1)(2)(3)

第七节　小结

当代中国城市公园建设的势头从许多方面来看都已经开始步入世界前沿，包括公园建设的发展速度、公园的数量以及变化多样的设计理念与手法。目前中国已登记注册公园数为10780个，全国城市建成区公园绿地总面积为49.5万公顷，人均公园绿地面积11.83平方米，比1991年分别增长了5.4倍、7.1倍和9.76平方米（柯善北，2013）。在短短二十几年的时间里，中国的城市公园数量剧增，开始遍布每个城市的各个角落，空间分布上的拓展使得公园的服务覆盖范围大大加强。同时公园的物质空间环境得到极大改善，人们有了更多的休闲与交流之处（图7-110）。甚至于设计上也呈现了非常多样化探索，或现代或反古、或生态或艺术，或雕琢或朴实，设计师利用公园快速发展所提供的机遇进行了各种创造性设计思考或者设计思潮的尝试，国内外的新旧设计理念在中国公园中都有所体现，且不少中国公园的设计在国际舞台上频获大奖。

中国的城市公园还在如火如荼地开展着。随着中国城市化建设的进一步深入以及公园建设的全方位推进，公园的溢价效应毋庸置疑还会发挥其应有的作用，城市公园不可避免地继续成为引导城市发展建设的"领头羊"。但随着建设理念和工程技术的提高，中国公园的功能势必将越来越完善，质量也会日益提高。而具体的完善与提高之处可能会着眼于以下几个方面。

城市公园到底应多大？ 中国城市公园的发展有越来越大、离城市中心越来越远的趋势。许

(1)

(2)

(3)

图7-110 多样化的城市公园。当代中国城市公园的发展为市民提供了多样化的活动空间。(1)(2)(3)

多地方的发展都把公园的建设当成土地一级开发的重要组成部分，期待利用公园带动周边地价的提升，优化地方土地财政。这些公园远离老城区，动辄千亩万亩，面积最大的当属各种新建设的湿地公园、各类园博园等。这些公园的尺度要远大于国外很多城市的公园。例如美国非常知名也是相对较大的纽约中央公园也不过340公顷左右，尚是北京奥林匹克公园以及翠湖湿地公园面积的一半。全日本最大的东京上野公园也不过才52.5公顷，比北京的玉渊潭公园都要小。这些大型公园周边的城市建设与公园之间该保持怎样一种关系？中国到底应该进一步发展大型公园还是推进小型公园等一系列问题都值得进一步推敲。

回归生态本质？ 公园是真正的绿地空间，是最有潜质成为城市绿肺，为市民提供接近自然并将真正的自然环境融入城市的最佳场所。中国的公园建设虽然实现了带动周边经济以及城市化发展的功能，但整体的生态效益却可能需要进一步强化。城市公园除却提供市民活动空间之外还应承载什么样的生态价值还值得深入推敲。生态规划设计在当代中国的发展只是近年来的事情，还处于初步探索时期，真正的生态回归还有很长的路要走。中国不乏所谓的生态公园以及生态设计，但不少生态设计或流为生态理念与符号，或后期维护成本很高。城市生态本身就是一个复杂的系统，而怎样设计这个系统就变成另外一个复杂的挑战。应对这个挑战是未来城市公园设计的大势所向，因为城市公园是城市生态系统最核心以及最有机的组成部分。现状并不完善、并不系统的

生态设计思路会在未来进一步发展，确保城市公园的生态功能变得更加具体，且其所承载的生态效益可实施、可预期以及可量化，例如公园能否从往市政管线排放雨洪逐渐变为能够缓解、疏导周边建设雨洪影响的场所？城市公园在多大程度上提升了本土的生物多样性？城市公园能够调节小气候，缓解周边的热岛效应等。

增强健身功能？ 中国很多城市公园在功能上与居住区内的社区公园有很大的重叠，都是静态简单休闲式的绿化空间，很适合老年人休闲健身，而老年人也确实是目前中国城市公园日常使用的主力军。虽然每个城市都在建设体育公园，但体育公园数量有限，分布不均。整体而言，中国的运动场地是比较匮乏的，除却那些小区和公园里的简单健身器材，无论是小孩还是大人都没有足够的运动场地，尤其是集体运动场地，比如足球场、网球场、篮球场等，这些场地要么在体育馆室内是收费项目，要么就是在社区以及工作场所周边几乎找不到。与此同时，飞速的经济发展使得中国人的生活压力日益变大，大多数中国人缺乏锻炼，亚健康尤其是青壮年亚健康非常普遍。在此大背景下，中国各大城市内分布广泛的城市公园理应更多地为市民，尤其是青壮年人提供良好便捷的运动场地，让更多的市民在工作生活附近得到锻炼身体的机会，从而达到缓解压力以及缓解亚健康状态的目的。

推广都市农业？ 中国的公园面积以及人均公园面积都在不断增大，与此同时，国内所有观光休闲农业都主要集中在近郊远郊，模式也比较单一。我们何不将农业园也推广到市区的

城市公园中呢？在所有的人为景观中，农业景观与自然景观最为接近（章斌，1991），社区附近的森林和果园是最适合儿童锻炼身体和社交能力的场所（Ismail Said，1991）。在城市公园中开辟出一块场地作为农业园，并将这些园子分配给附近的居民带领儿童耕作收获，将非常有利于儿童的健康成长，也能形成有趣的公园景观。政府以及公园管理者可以将都市的公园农地出租给城市居民，让他们来种植花草、蔬菜、果树或者经营家庭农艺，让市民，尤其是孩子体验到农业生产经营的乐趣，体验到耕作的乐趣，同时也可以获得一定的经济效益（范子文，1998）并降低城市公园的维护费用且提升城市公园的人气与使用率。

简化设计思路? 形式是视觉设计存在的方式，随着现代城市公园越来越注重其游憩、生态、教育等实质性的服务功能，单纯地从观赏的形式美出发的设计已经越来越少，公园设计的形式有化繁为简的趋势。事实上，城市公园是最为适合推广化繁为简的场所，因为不少公园选址时就坐落在风景宜人的区域，许多景色天然之美感就已具有很高的审美价值；又或者公园所要实现以及倡导的生态功能可能自然自会做工，不需要更多的人为干预。如今以及未来的公园设计形式会越来越依附于实质方面的思索，比如说生态自然的需求，对历史文化资源的借鉴，对当地生活和自然现象的观察，又或者是对使用者需求的关怀（王牧，2006）。几何形式的繁复已经不再，回归公园与周围环境和使用者关系的实质才是公园形式最需要考量的方面。

虽然一切都在摸索中前行，但中国的城市公园势必会在前行中变得维护更加容易、功能更加完善，在不会成为地方政府财政负担的基础上，成为生态绿洲，并为中国人公益地提供一个能够聚会、活动、交流、健身以及身心再生的优美空间。

引用文献

[1]   Carlson,A. 1995. Nature, aesthetic appreciation, and knowledge. Journal of Aesthetics and Art Criticism 53:393-400.

[2]   Girot, Christophe. 1999. Four Trace Concepts in Landscape Architecture: Princeton Architectural Press.

[3]   Hough, M. Cities and natural process: a basis for sustainability. New York: Routledge. 2004.

[4]   Nassauer, J. I. 1995. Messy ecosystems, orderly frames. Landscape Journal, 4: 161-170.

[5]   G.Padua, Mary, 刘君 . 2009. 工业的力量——中山歧江公园一个旧造船厂和一个打破常规的公园设计 . 中国公园协会 2009 年论文集 . 中国公园 . 12. 33-38.

[6]   Thayer, Robert L. 1993. Gray World, Green Heart:Technology, Nature, and the Sustainable Landscape: John Wiley & Sons, Inc.

[7]   Zhifang Wang, Puay Yok Tan, Tao Zhang, Joan Nassauer.2014. Perspectives on bridging the action gap between landscape science and metropolitan governance: Practice in the US and China. Landscape and Urban Planning. 125 . 329-334 .

[8]   车生泉, 王洪轮 . (2001). 城市绿地研究综述 . 上海交通大学学报 (农业科学版)(03):229-234.

[9]   陈天, 张阳 . (2006). 传承城市文脉营造都市氛围——天津万科水晶城规划设计评析 . 规划师 03:35-39.

[10]   陈嵩, 刘志成, 白雪 . (2013). 从中国展园看中国传统园林的继承与发展 . 中国风景园林学会 2013 年会, 中国湖北武汉 .

[11]   陈伟良, 张勇伟, 范季玉 . (2013). 科学与艺术的融合特色与创新的结合——浅谈上海辰山植物园的绿化施工技术 . 中国风景园林学会 2013 年会, 中国湖北武汉 .

[12]   陈晓恬 . (2008). 中国大学校园形态演变 . 博士, 同济大学 .

[13]   陈跃中 . (2011). 大景观：一种整体性的景观规划设计方法 . 园林 (12):16-18.

[14]   城乡建设环境保护部 . (1982). 城市园林绿化管理暂行条例 .

[15]   褚军刚, 苗靖 . (2011). 浅析城市化进程中的 ″景观优先″ . 园林 (12):8-12.

[16]   戴军, 董楠楠 . (2010). 论世博公园绿地规划设计中的山水园林思想 . 国际风景园林师联合会 (IFLA)　第 47 届世界大会、 中国风景园林学会 2010 年会, 中国江苏苏州 .

[17]   董珂 . (2008). 生态城市的哲学内涵与规划实践——以中新天津生态城总体规划为例 . 中国城市规划年会, 中国辽宁大连 .

[18]   董丽，胡洁，吴宜夏 . (2007). 北京奥林匹克森林公园植物规划设计的生态思想 . 2007 中国风景园林高层论坛，中国北京 .

[19]   杜春兰，柴彦威，张天新，肖作鹏 . (2012). "邻里" 视角下单位大院宇居住小区的空间比较 . 城市规划 05:88-94.

[20]   段兆广，相西如，吴新纪 . (2010). 转型背景下的太湖风景名胜区经济发展引导研究 . 中国园林 (01):72-74.

[21]   方正兴，朱江，袁媛，邱杰华，彭青 . (2011). 绿道建设基准要素体系构建—— 《珠江三角洲区域绿道省立建设基准技术规定》 编制思路 . 规划师 01:56-61+71.

[22]   冯建国，杜姗姗，陈奕捷 . (2012). 城市郊区休闲农业园发展类型探讨——以北京郊区休闲农业园区 为例 [J]. 中国农业资源与区划 . 33(1):23-30.

[23]   国家统计局 . (2011). 中国统计年鉴 〔2010〕 . 北京 : 国家统计局 .

[24]   国家统计局 . (2013). 中国统计年鉴 〔2012〕 . 北京 : 国家统计局 .

[25]   国家统计局 . (2001~2012). 中国统计年鉴 〔2000~2011〕 . 北京 : 国家统计局 .

[26]   郭凡 . (2011). 棕地治理研究文献综述 . 中国法学会环境资源法学研究会 2011 年会——20 年全国环境资源法学研讨会暨中国环境资源法学研究会筹备会议，中国广西桂林 .

[27]   侯京林 . (2013). 生态承载力对中国城镇化的约束 . 博鳌观察 (1):77-79.

[28]   胡剑双，戴菲 . (2010). 中国绿道研究进展 . 中国园林 12:88-93.

[29]   胡洁 . (2010). "山水城市" ——中国特色生态城市 . 国际风景园林师联合会 (IFLA) 第 47 届世界大会、中国风景园林学会 2010 年会，中国江苏苏州 .

[30]   胡洁，吴宜夏，吕璐珊 . (2007). 北京奥林匹克森林公园山形水系的营造 . 2007 中国风景园林高层论坛，中国北京 .

[31]   建设部 . (1994, 2002). 城市居住区规划设计规范 GB 50180—93.

[32]   金远 . (2006). 对城市绿地指标的分析 . 中国园林 08:56-60.

[33]   柯善北 . (2013). 公园会所禁令不能再成 "空头支票" —— 《关于进一步加强公园建设管理的意见》 解读 . 中华建设 , 07:18-19.

[34]   李楠 . (2010). 世博会对上海经济的影响 . (硕士), 东北财经大学 .

[35]   李凌 . (2011). 休闲农庄游客体验与游后行为意向关系研究 [D], 杭州 : 浙江大学 .

[36]   李景奇，夏季 . (2007). 城市防灾公园规划研究 . 中国园林 07:16-22.

[37]   李丽萍，吴祥裕 . (2006). 关于开放式公园规划、 建设与管理的思考 . 理论界 07:240-242.

[38]   李利权 . (2006). 改革与完善我国林业投融资体制对策研究 . 博士 , 东北林业大学 .

[39] 雷芸 . (2009). 持续发展城市绿地系统规划理法研究 . 博士，北京林业大学 .

[40] 林箐，吴菲 . (2014). 风景园林实践的社会原理 . 中国园林 (01):34-41.

[41] 林璐，谭俊杰 . (2013). 棕地在城市更新中以市场为主导的再利用研究 . 城市时代，协同规划——2013 中国城市规划年会，中国山东青岛 .

[42] 刘佳 . (2010). 由封闭式传统公园到开放式公园改建的理论研究 . 硕士，山东农业大学 .

[43] 刘滨谊 . (2010). 现代景观规划设计 (第 3 版). 南京 : 东南大学出版社 .

[44] 刘滨谊 . (2012). 城乡绿道的演进及其在城镇绿化中的关键作用 . 风景园林 03:62-65.

[45] 刘滨谊，温全平 . (2007). 城乡一体化绿地系统规划的若干思考 . 国际城市规划 01:84-89.

[46] 刘晓惠，李常华 . (2009). 郊野公园发展的模式与策略选择 . 中国园林 (03):79-82.

[47] 刘晓涛 . (2003). 城市河流治理规划若干问题的探讨 . 2003 年全国城市水利学术研讨会，中国上海 .

[48] 骆华北，杨玉培 . (2002). 演示人工湿地生态的活水公园 . 中国科协 2002 年学术年会，中国四川成都 .

[49] 栾春凤，陈玮 . (2004). 中国现代城市综合性公园功能变迁探讨 . 南方建筑 (05):25-26.

[50] 吕科建，李松泽，张卞龙，张悦，张冀鲁 . (2009). 采煤塌陷区生态改造的综合评价研究——以唐山市南湖生态城为例 . 华北五省市区环境科学学会第十六届学术年会，中国河北北戴河 .

[51] 马世骏，王如松 . (1984). 社会 - 经济 - 自然复合生态系统 . 生态学报 (01):1-9.

[52] 马向明，程红宁 . (2013). 广东绿道体系的构建 : 构思与创新 . 城市规划 02:38-44.

[53] 迈克尔 . 麦尔 . (2013). 再会，老北京 . 上海 : 上海译文出版社 .

[54] 南楠 . (2009). 基于会后利用的园林展规划策略研究 . 中国风景园林学会 2009 年会，中国北京 .

[55] 彭清华 . (2011). 高校扩招的经济社会贡献研究 . 博士，中南大学，

[56] 仇保兴 . (2013). 中国加速推进新型城镇化以人为核心重在改革 . 中国城市低碳经济网 .

[57] 仇保兴 . (2002). 风景名胜资源保护和利用的若干问题 [J]. 中国园林 (6):3-10.

[58] 裘鸿菲 . (2009). 中国综合公园的改造与更新研究 . 博士，北京林业大学 .

[59] 宋康 . (2011). 穿林遇楼，过屋游园——四川美术学院虎溪校区的建筑与规划 . 公共艺术 03:98-100.

[60] 苏薇 . (2007). 开放式城市公园边界空间设计研究初探 . 硕士，重庆大学 .

[61] 苏肖更 . (2013). 当今社会语境下减量设计之困境 . 中国园林 (08):19-21.

[62] 孙楠，罗毅，李明翰 . (2013). 在 LAF 的"景观绩效系列 (LPS)"计划指导下进行建成项目景观绩效的量化——以北京奥林匹克森林公园和唐山南湖生态城中央公园为例 . 中国风景园林学会 2013 年会，中国湖北武汉 .

[63] 沈清基 . (2009). 城市生态规划若干重要议题思考 . 城市规划学刊 (02):23-30.

[64] 沈瑾，栗德祥，姜永清 . (2004). 唐山市生态转型与生态城市建设 . 2004 城市规划年会，中国北京 .

[65]　史嘉 . (2012). 基于区域可持续发展理念下的中国主题公园发展现状研究 . (硕士), 西安外国语大学 .

[66]　商振东 . (2006). 市域绿地系统规划研究 . 博士 , 北京林业大学 .

[67]　沈清基 . (2009). 城市生态规划若干重要议题思考 . 城市规划学刊 02:23-30.

[68]　陶练 . (2011). ″景观优先″ 和 ″景观提前介入″ . 园林 (12):22-23.

[69]　谭家慧，杨雪珂 . (2012). 珠三角当代工业遗产保护和再利用的特点——以岐江公园与红砖厂为例 . 中国地理学会 2012 年学术年会，中国河南开封—郑州 .

[70]　谭少华，赵万民 . (2007). 绿道规划研究进展与展望 . 中国园林 02:85-89.

[71]　谭英，戴安娜·米勒 - 达雪，彼得·乌尔曼 . (2009). 曹妃甸生态城的生态循环模型——能源、 水和垃圾 . 世界建筑 06:66-75.

[72]　王璟 . (2012). 我国城市绿道的规划途径初探 . 硕士 , 北京林业大学 .

[73]　王俊杰，贺凤春，廖生安，蔡平 . (2010). 城市公园发展现状及对策探讨 . 绿色科技 09:61-63.

[74]　王雷，李丛丛，应清，程晓，王晓昳，李雪艳，宫鹏 . (2012). 中国 1990 ~ 2010 年城市扩张卫星遥感制图 . 科学通报 (16):1388-1403.

[75]　王丽萍 . (2009). 试论滇藏茶马古道文化遗产廊道的构建 . 贵州民族研究 04:61-65.

[76]　王如松 . (1988). 高效、 和谐、 城市生态调控原则与方法 . 长沙 : 湖南教育出版社 .

[77]　王睿，王明月 . (2013). 基于绿色基础设施理论的低碳城市构建策略研究 . 中国风景园林学会 2013 年会，中国湖北武汉 .

[78]　王向荣 . (2006). 关于园林展 . 中国园林 01:19-29

[79]　王祥荣，王平建，樊正球 . (2004). 城市生态规划的基础理论与实证研究——以厦门马銮湾为例 . 复旦学报 (自然科学版)(06):957-966.

[80]　王燕飞 . (2009). 大学校园景观与场所精神 . (硕士), 南京林业大学 .

[81]　吴次芳，鲍海君 . (2004). 土地资源安全研究的理论与方法 . 北京 : 气象出版社 .

[82]　吴良镛 . (2004). 人居环境科学与景观学的教育 . 中国园林 (01):7-10.

[83]　吴人韦 . (2000). 支持城市生态建设——城市绿地系统规划专题研究 . 城市规划 04:31-33+64.

[84]　吴人韦 . (1998). 国外城市绿地的发展历程 . 城市规划 06:39-43.

[85]　吴智刚 . (2006). 在城市建设中恢复与利用湿地——北京大学景观设计学研究院设计案例剖析 . 中国城市规划年会，中国广东广州 .

[86]　武云亮 . (2004). ″我国商业集群的模式及其发展趋势 .″ 生产力研究 (1):146-148.

[87]　乌尔夫·兰哈根，谭英 . (2009). 曹妃甸国际生态城规划综述 . 世界建筑 06:17-27.

[88]　魏丹娜, 孙林 . (2012). 图形图像语言在主题公园中的应用 [J]. 现代园艺 . 14:185.

[89]　魏雷 . (2013). 城市可持续发展理念下的棕地利用研究——以武汉市为例 . 中国风景园林学会 2013 年会, 中国湖北武汉 .

[90]　温莹蕾, 游小文 . (2011). 乡村景观的保护与旅游规划研究——以竹泉村为例 [A], 转型与重构——2011 中国城市规划年会论文集 [C]： 3384-3389.

[91]　夏宾, 张彪, 谢高地, 张灿强 . (2012). 北京建城区公园绿地的房产增值效应评估 . 资源科学 (07):1347-1353.

[92]　徐文辉 . (2005). 生态浙江省域绿道网规划实践 . 规划师 05:69-72.

[93]　徐默诵, (2007). 现代城市商业步行街景观设计导则研究 [D]. 安徽农业大学 .

[94]　徐振, 韩凌云, 杜顺宝 . (2011). 南京明城墙周边开放空间形态研究 (1930~2008 年). 城市规划学刊 02:105-113.

[95]　阎云翔著 . 陆洋等译 . (2012). 中国社会的个体化 . 上海： 上海译文出版社 .

[96]　阳慧 . (2009). 开放式公园景观设计——以杭州市钱江新城市民公园为例 . 河北农业科学 06:70-73. 75.

[97]　杨保军, 董珂 . (2008). 生态城市规划的理念与实践——以中新天津生态城总体规划为例 . 城市规划 (08):10-14+97.

[98]　杨保军, 董珂 . (2008). 生态城市规划实践——以中新天津生态城规划为例 . 城市发展研究 S1:246-250.

[99]　杨锐 . (2013). 论风景园林学发展脉络和特征　兼论 21 世纪初中国需要怎样的风景园林学 . 中国园林 (06):6-9.

[100]　杨玉培, 骆华北 . (2002). 演示人工湿地生态的活水公园 . 中国科协 2002 年学术年会, 中国成都 .

[101]　杨云峰 . (2010). 湿地的概念和城市湿地公园设计——以秦皇岛北戴河海滨湿地公园设计为例 . 国际风景园林师联合会 (IFLA)　第 47 届世界大会、 中国风景园林学会 2010 年会, 中国江苏苏州 .

[102]　易松国 . (1998). 生活质量研究进展综述 . 深圳大学学报 (人文社会科学版)01:102-109.

[103]　余汇芸, 包志毅 . (2011). 杭州太子湾公园游人时空分布和行为初探 . 中国园林 (02):86-92.

[104]　俞孔坚 . (2006). 建筑艺术研究　生存的艺术： 定位当代景观设计学 . 北京大学景观设计学研究院；土人景观规划设计研究院：文化艺术出版社 .

[105]　俞孔坚 . (2007a). 关于生存的艺术 . 城市环境设计 (01):60-63.

[106]　俞孔坚 . (2007b). 生存的艺术：定位当代景观设计学 . 城市环境设计 (03):12-18.

[107]　俞孔坚, 吉庆萍 . (2000a). 国际 “城市美化运动” 之于中国的教训 (上) ——渊源、 内涵与蔓延 . 中国园林 (01):27-33.

[108]　俞孔坚, 吉庆萍 . (2000b). 国际 “城市美化运动” 之于中国的教训 (下). 中国园林 (02):29-32.

[109]   俞孔坚，李迪华，韩西丽 . (2005). 论 "反规划" . 城市规划 (09):64-69.

[110]   俞孔坚，王志芳，黄国平 . (2005). 论乡土景观及其对现代景观设计的意义 . 华中建筑 (04):123-126.

[111]   俞孔坚，王思思，李迪华 . (2012). 区域生态安全格局： 北京案例北京：中国建筑工业出版社 .

[112]   俞孔坚，李迪华 . (2002). 着眼于 50 年后北京的城市生态基础设施建设 .

[113]   俞孔坚，王思思，李迪华，乔青 . (2010). 北京城市扩张的生态底线——基本生态系统服务及其安全格局 . 城市规划 02:19-24.

[114]   俞孔坚，王思思，乔青 . (2010). 基于生态基础设施的北京市绿地系统规划策略 . 北京规划建设 03:54-58.

[115]   俞孔坚，奚雪松 . (2010). 发生学视角下的大运河遗产廊道构成 . 地理科学进展 08:975-986.

[116]   俞孔坚，奚雪松，李迪华，李海龙，刘柯 . (2009). 中国国家线性文化遗产网络构建 . 人文地理 03:11-16+116.

[117]   俞孔坚 . (2006). 绿色景观：景观的生态化设计 . 建设科技 07:28-31

[118]   俞孔坚 . (2010a). 景观作为生命系统：上海世博后滩公园 . 中国公园协会 2010 年论文集，14:4-7.

[119]   俞孔坚 . (2010b). 绿林中的红飘带：秦皇岛市汤河滨河公园设计 . 中国公园协会 2010 年论文集，14, 24-26.

[120]   俞孔坚，庞伟 . (2000). 足下文化与野草之美 产业用地再生设计探索，歧江公园案例 the regenerative design of an industrial site, the zhongshan shipyard park. 中国建筑工业出版社 .

[121]   园林结合生产大有可为 . (1974). 建筑学报 (06):30-33+55-56.

[122]   曾祥志 . (2006). 1978 年后民办高校和公办高校发展的比较研究 . 硕士，湖南师范大学，

[123]   詹建芬 . (2006). 论风景区公园的免费开放政策——一种基于外部性的公共产品定价策略 . 经济体制改革 06, 159-163.

[124]   张虎 . (2012). 开放式公园景观设计浅析 . 现代园艺 10:138.

[125]   张浪 . (2007). 特大型城市绿地系统布局结构及其构建研究 . 博士，南京林业大学 .

[126]   张浪，李静，傅莉 . (2009). 城市绿地系统布局结构进化特征及趋势研究——以上海为例 . 城市规划 03:32-36+49.

[127]   张蕾，胡洁 . (2011). 南湖——从城市棕地到中央公园的嬗变 . 中国风景园林学会 2011 年会，中国江苏南京 .

[128]   张路 . (2011). 成都活水公园景观分析 . 中国观赏园艺产业与西部开发——中国园艺学会观赏园艺专业委员会 2011 年学术年会，中国宁夏银川 .

[129]   张树民，邬东璠 . (2013). 中国旅游度假区发展现状与趋势探讨 [J]. 中国人口 . 23(1):170-176.

[130]   张云路，李雄，章俊华 . (2012). 风景园林社会责任 LSR 的实现 . 中国园林 (01):5-9.

[131]   张晓冬 . (2009). 采煤塌陷区周边的城市更新——以唐山市南湖生态城起步区城市设计为例 . 2009 中国城市规划年会，中国天津 .

[132]   张文英 . (2014). 理想与现实中的桃花源 . 中国园林 (01):42-45.

[133]   郑淑玲 . (2000). 当前风景名胜区保护和管理的一些问题 [J]. 中国园林 (3):14-16.

[134]   郑曦 . (2012). "绿色综合体" ——当代城市公园特征与发展战略研究 . 2012 国际风景园林师联合会 (IFLA) 亚太区会议暨中国风景园林学会 2012 年会 , 中国上海 .

[135]   中华人民共和国国务院 . 风景名胜区条例 [Z]. 2006—09—19.

[136]   周波 . (2005). 城市公共空间的历史演变 . 博士 , 四川大学 .

[137]   周维权 . (1990). 中国古典园林史 . 第三版 . 北京市 : 清华大学出版社 .

[138]   周年兴 , 俞孔坚 , 黄震方 . (2006). 绿道及其研究进展 . 生态学报 09:3108-3116.

[139]   朱建宁 . (2008). 做一个神圣的风景园林师 . 中国园林 (01):38-42.

[140]   朱建宁 . (2013). 减人工之量 , 增自然之量——风景园林减量设计的内涵与方法 . 中国园林 (08):5-8.

[141]   朱胜萱 , 孙旭 . (2010). 2010 上海世博绿色营造——基于城市设计视野的公园景观设计 . 中国公园协会 2010 年论文集 .

[142]   朱育帆 , 姚玉君 . (2008). "都市伊甸" ——北京商务中心区 (CBD) 现代艺术中心公园规划与设计 . " 城市环境设计 (6):41-46.

参考文献

[1]   2008 年全国土地利用变更调查报告 . (2009). 北京 : 国土资源部地籍管理司 .

[2]   (美)理查德 . P . 多贝尔 . (2006). 校园景观一功能·形式·实例 . 北京:中国水利水电出版社.

[3]   Service, National Park. 2011. IM Canal National Heritage Corridor: A Roadmap for the Future 2011 ～ 2021.

[4]   Whyte W H.1959.Securing open space for urban American: conservation easements [M].Washington: Urban Land Institute.

[5]   白伟岚 . (2000). 居住区环境绿化质量的探讨 . 中国园林 01, 36-42.

[6]   保继刚，古诗韵 . (1998). 城市 RBD 初步研究 . 规划师 14(4):59-64.

[7]   卞显红，张树夫 . (2004). 我国城市游憩商业区的开发与发展 . 经济地理 24(2):206-211.

[8]   曹孟仁，白培峰，孙庆杰，李洪宁 . (2011). 城市公园水体存在的问题与对策研究 . 中国公园协会 2011 年论文集 .

[9]   陈安泽 . (2002). 国家地质公园概论 . 飞天山丹霞地貌与生态旅游学术研讨会，中国郴州 .

[10]   陈丹宇 . (2004). 杭州市特色工业园区发展对策研究 . 杭州科技 (5):19-21.

[11]   陈鹭 . (2008). 居住区景观的若干思考 . 建筑学报 04, 36-38.

[12]   陈眉舞 . (2002). 中国城市居住区更新：问题综述与未来策略 . 城市问题 04, 43-47

[13]   陈名虎 . (2008). 长沙市城郊游憩景观空间格局规划研究 [D]. 长沙 : 中南林业科技大学 .

[14]   陈伟新 . (2003). 国内大中城市中央商务区近今发展实证研究 . 城市规划 27(12):18-23.

[15]   陈玉慧 . (2002). 我国城市步行街建设热的起因及正负效应 . 经济地理 22(4):464-469.

[16]   陈渝 . (2013). 城市游憩空间的发展历程及类型 [J]. 中国园林 (2):69-72.

[17]   陈植 . (1981). 造园词义的阐述 . 建筑历史与理论会议第二辑 .

[18]   陈志勇 . (2010). 土地财政缘由与出路 . 财政研究 01, 29-34.

[19]   楚义芳 . (1992). CBD 与城市发展 . 城市规划 16(3):3-8.

[20]   道格拉斯 · 斯宾赛，赵晶 . (2009). AA 景观都市主义 . 风景园林 (03), 70-74.

[21]   邓春蓉 . (2013). 四川美术学院虎溪校区原生态设计 . 大众文艺 07, 85-86.

[22]   丁雅岚 . (2012). 传统与现代的交融——论 "新中式" 居住区景观设计 . 硕士，南京林业大学 .

[23]   董鉴泓 . (2004). 中国城市建设史 . 北京 : 中国建筑工业出版社 .

[24]   方雪 . (2010). 墨菲在近代中国的建筑活动 . 硕士，清华大学 .

[25]　方远平, 闫小培等. (2007). 1980 年以来我国城市商业区位研究述评. 热带地理 27(5):435-440.

[26]　方松林. (2007). 城市开放空间中广场的闲暇性作用研究. 硕士, 西安建筑科技大学.

[27]　费曦强, 高冀生. (2002). 中国高校校园规划新特征. 城市规划 05, 33-37+49.

[28]　封云, 林磊. (2004). 公园绿地规划设计 (第二版). 北京: 中国林业出版社.

[29]　冯彩云. (2002). 我国城市绿化的现状与发展方向. 学会 (02), 15-18.

[30]　冯敬俊, 胡雨鸥. (2010), 棕地开发及对国家受污染建设用地整治的启示. 改革与开放 20, 86-87.

[31]　黄小虎. (2011). 解析土地财政. 红旗文稿 01, 1-4.

[32]　干领, 胡希军. (2013). 我国现代景观设计的价值取向. 生态经济 08, 187-191.

[33]　高等学校风景园林学科专业指导委员会. (2013). 高等学校风景园林本科指导性专业规范: 中国建筑工业出版社.

[34]　高娟, 吕斌. (2009). "生态规划" 理论在城市总体规划中的实践应用——以唐山市新城城市总体规划为例. 城市发展研究 (02), 127-131.

[35]　龚兆先. (2001). 现代居住区物质景观发展模式初探. 城市规划 02, 46-49.

[36]　管驰明, 崔功豪. (2003). 中国城市新商业空间及其形成机制初探. 城市规划汇刊 (6):33-36.

[37]　郭焕成, 刘军萍, 王云才. (2000). 观光农业发展研究 [J]. 经济地理. 20(2):119-124.

[38]　何镜堂. (2009). 当代大学校园规划理论与设计实践. 北京: 中国建筑工业出版社.

[39]　何镜堂, 郭卫宏, 吴中平. (2004). 现代教育理念与校园空间形态. 建筑师 01, 38-45.

[40]　贺善安, 张佐双. (2010). 21 世纪的中国植物园. 2010 年全国植物园学术年会, 中国福建厦门.

[41]　胡爱兵, 任心欣等. (2010). 深圳市创建低影响开发雨水综合利用示范区. 中国给水排水 20, 69-72.

[42]　胡洁, 吴宜夏, 吕璐珊. (2006). 北京奥林匹克森林公园景观规划设计综述. 中国园林 (06), 1-7.

[43]　胡盈盈. (2012). 国内外中央商务区开发建设比较与启示. 中国房地产 (5):53-56.

[44]　黄志宏. (2007). 世界城市居住区空间结构模式的历史演变. 经济地理 02, 245-249. 计成. (2009). 园冶. 重庆: 重庆出版社.

[45]　贾建中. (2012). 我国风景名胜区发展和规划特性 [J]. 中国园林 (11):11-15.

[46]　金丽芳, 刘雪萍. (1997). 3S 技术在风景区规划中的应用研究. 中国园林 (06), 23-25.

[47]　姜允芳. (2006). 城市绿地系统规划理论与方法. 北京: 中国建筑工业出版社.

[48]   姜允芳, 刘滨谊, 刘颂 . (2007). 中国市域绿地系统分类的研究 . 2007 中国城市规划年会, 中国黑龙江哈尔滨 .

[49]   凯瑞斯·司万维克, 高枫 . (2006). 英国景观特征评估 . 世界建筑 (07):23-27.

[50]   雷蕾 . (2008). 清华大学校园规划与建筑研究 . 硕士, 北京林业大学 .

[51]   李昌浩 . (2005). 绿色通道 (Greenway) 的理论与实践研究 . (硕士), 南京林业大学 .

[52]   李迪华, 俞孔坚, 黄国平, 李昕 . (2000). 从改善北京市总体环境质量看北京城市园林绿化建设 . "面向 2049
        年北京城市园林绿化展望与对策" 学术研讨会 .

[53]   李飞 . (2003). 世界一流商业街的形成过程分析 . 国际商业技术 (5):18-21.

[54]   李锋, 王如松 . (2003). 城市绿色空间生态规划的方法与实践——以扬州市为例 . 城市环境与城市生态 (S1),
        46-48.

[55]   李弘 . (2009). 旅游规划中游憩景观研究 [D]. 太原 : 山西大学 .

[56]   李敏 . (2008). 城市绿地系统规划 . 北京 : 中国建筑工业出版社 .

[57]   李敏 . (2002). 现代城市绿地系统规划 . 北京 : 中国建筑工业出版社 .

[58]   李娜 . (2006). 构建城市游憩商业区——以南京游憩商业区发展为例 . 南京财经大学学报 (2):30-33.

[59]   李楠 . (2010). 世博会对上海经济的印象 . 硕士, 东北财经大学 .

[60]   李沛 . (1997). 80 年代商务区扩展特点浅析 . 北京规划建设 (2):26-29.

[61]   李沛 . (1997). 当代 CBD 及其在我国的发展 . 城市规划 (4):40-43.

[62]   李惜 . (2012). 旅游规划中游憩景观研究 [J]. 才智 (10):173.

[63]   李颖怡, 何昉 . (2010). 自然与人文共演城市 "绿心" ——以深圳光明中央公园为例 . 中国园林 (10):13-17.

[64]   廖邦固, 徐建刚等 . (2008). 1947-2000 年上海中心城区居住空间结构演变 . 地理学 02:195-206.

[65]   林琳, 欧莹莹 . (2004). 改革开放后广州市居住区演进特征分析 . 规划师 09:66-70.

[66]   林轶南 . (2012). 英国景观特征评估体系与我国风景名胜区评价体系的比较研究 . 风景园林 (01):104-108.

[67]   林峥 . (2011). 民初北京公共空间的开辟与沈从文笔下的都市漫游 [J]. 励耘学刊 (1):55-60.

[68]   刘滨谊, 张德顺, 刘晖, 戴睿 . (2013). 城市绿色基础设施的研究与实践 . 中国园林 (03):6-10.

[69]   刘洪辞 . (2011). 我国生态工业园区的发展现状——基于典型生态工业示范园区的分析 . 当代经济 (2):52-54.

[70]   刘华钢, 肖大威 . (2002). 从小区绿化到景观生态——珠江三角洲城市居住区环境的发展 . 中国园林 05:56-58.

[71]   刘海龙 . (2010). 基于过程视角的城市地区生物保护规划——以浙江台州为例 . 生态学杂志 (01):8-15.

[72]   刘颂, 刘滨谊 . (2010). 城市绿地系统规划 . 北京 : 中国建筑工业出版社 .

[73]   刘世弘, 包铁竹, 倪晓军 . (2005). 清华大学校园发展回顾及启示 . 清华大学教育研究 S1:98-102+108.

[74]   刘宛 . (2002). 居住区环境景观设计方法探索——上海嘉兴长岛别墅区景观设计构思 . 中国园林 02:49-53.

[75]　刘小波，谭英，Ranhagen, Ulf. (2009). 打造"深绿型"生态城市——唐山曹妃甸国际生态城概念性总体规划 . 建筑学报 (05):1-6.

[76]　刘小波，尤尔金姆·阿克斯 . (2009). 曹妃甸生态城交通和土地利用整合规划 . 世界建筑 (06):44-55.

[77]　刘旭辉 . (2012). 城市生态规划综述及上海的实践 . 上海城市规划 (03):64-69.

[78]　龙赟，张平，李亚 . (2004). 试论山地居住区景观的塑造——以济南银丰山庄的景观规划设计为例中国园林 10:28-31.

[79]　栾春凤 . (2004). 中国现代城市综合性公园功能变迁研究 . 硕士，郑州大学 .

[80]　罗培蒂 . (2011). 城市绿道网络构建研究 .（硕士），西南交通大学 .

[81]　骆林川 . (2009). 城市湿地公园建设的研究 . 博士，大连理工大学 .

[82]　马强 . (2010). 曹妃甸样本：生态城市系统规划方法初探 . 动感（生态城市与绿色建筑）(02), 61-64.

[83]　马提亚斯·奥格连，丁利 . (2009). 曹妃甸生态城的公共空间及水系和绿化 . 世界建筑 (06):56-65.

[84]　马向明，程红宁 . (2012). 广东绿道体系的构建与展望 . 多元与包容——2012 中国城市规划年会，中国云南昆明 .

[85]　麦华 . (2006). 广州城市公园问题思考 [J]. 南方建筑 (7):23-27.

[86]　莫霾，王林超，孔彦鸿，桂萍 . (2008). 生态指引下的区域规划——以唐南发展战略研究为例 . 城市发展研究 (05):93-99.

[87]　裴博 . (2008). 西安大都市圈环城游憩景观格局研究 [D]. 西安：陕西师范大学 .

[88]　彭华 . (1999). 汕头城市旅游可持续发展驱动机制研究 [J]. 地理学与国土研究 (3):75-81.

[89]　彭锐 . (2007). 苏州边缘住区的发展演变及问题研究 . 中外建筑 (5):26-20.

[90]　彭一刚 . (1986). 中国古典园林分析 . 北京：中国建筑工业出版社 .

[91]　彭奕华 . (2012). 复合型生态社区城市设计探讨——以上海市崇明岛国际实验生态社区为例 . 规划师 (S1):15-19.

[92]　彭远芳 . (2011). 治理变革下市政广场的空间表达 . 硕士，浙江大学 .

[93]　千茜 . (2007). 论我国当代居住区景观环境的发展和演变 . 风景园林 01:72-77.

[94]　乔丹 . (2011). 借鉴国外高等教育模式解决中国高等教育困境的思考 . 成人教育 08, 131-132.

[95]　仇保兴 . (2010). 城镇化的挑战与希望 . 城市发展研究 (01):1-7.

[96]　秦小萍 . (2012). 中国绿道与美国 Greenway 比较研究 .（硕士），北京林业大学 .

[97]　屈张 . (2012). AA 景观都市主义设计思想方法的解析与启示 . 建筑学报 (03):74-78.

[98]　任鹏 . (2009). 基于 RS-GIS 的武汉花山新城景观生态格局规划研究 .（硕士），华中农业大学 .

[99]　桑义明，肖玲 . (2003). 商业地理研究的理论与方法回顾 . 人文地理 18(6):67-71.

[100] 宋朝枢 . (2001). 城市绿色肾肺工程与可持续发展 . 第三届中国国际园林花卉博览会 .

[101] 宋伟轩，朱喜钢 . (2009). 中国封闭社区——社会分异的消极空间响应 . 规划师 11:82-86.

[102] 苏勇 . (2004). 诗意地栖居——从家园的本体含义谈现代居住区设计的主要特征 . 建筑师 01.

[103] 孙贵珍，陈忠暖 . (2008). 1920 年代以来国内外商业空间研究的回顾、比较和展望 . 人文地理 23(5):78-83.

[104] 孙筱祥 . (2002). 风景园林 (LANDSCAPE ARCHI TECTURE) 从造园术、造园艺术、风景造园——到风景园林、地球表层规划 . 中国园林 (04), 8-13.

[105] 孙筱祥 . (2011). 园林设计和园林艺术 . 北京：中国建筑工业出版社 .

[106] 孙新旺，王浩，李娴 . (2008). 乡土与园林——乡土景观元素在园林中的运用 . 中国园林 (08):37-40.

[107] 尚嫣然，吕春英，汪自书 . (2008). 基于生态文明的区域规划——以呼包鄂城镇群规划为例 . 2008 中国城市规划年会，中国辽宁大连 .

[108] 沈道齐 . (2003). 中国城市化进程与城市生态建设 . 全国首届产业生态与循环经济学术讨论会 .

[109] 沈杰 . (2005). 论校园规划之景观生态观 . 建筑学报 03:31-33.

[110] 沈莉颖 . (2012). 城市居住区园林空间尺度研究 . 硕士，北京林业大学 .

[111] 石少峰 . (2005). 传统高校校园更新发展的对策研究 . 硕士，天津大学 .

[112] 田欣欣 . (2012). 生态城市规划模式探索与实践——以曹妃甸生态城为例 . 2012 （第七届） 城市发展与规划大会，中国广西桂林 .

[113] 童寯 . (1983). 造园史纲 . 北京：中国建筑工业出版社 .

[114] 王秉洛 . (2006). 城市绿化——城市绿地系统——园林城市，风景园林学科的历史与发展论文集，中国北京 .

[115] 王伯伟 . (2002). 校园环境的形态与感染力——知识经济时代大学校园规划 . 时代建筑 02:14-17.

[116] 王传心 . (2004). 中国西部的一大奇观：蜀道翠云廊 . 文史杂志 (01):22-24.

[117] 王春光，孙晖 . (1997). 中国城市化之路 [M]. 昆明：云南人民出版社 .

[118] 王浩，谷康 . (2009). 园林规划设计 . 南京：东南大学出版社 .

[119] 王洁林 . (2011). 大明宫国家遗址公园建设对周边住宅价格的影响研究硕士，西安建筑科技大学 .

[120] 王劢 . (2012). 北京河道遗产廊道构建研究 . (博士)，北京林业大学 .

[121] 王连勇 . (2005). 国家矿山公园建设的理论思考 . 中国地质学会旅游地学与国家地质公园研究分会成立大会暨第 20 届旅游地学与地质公园学术年会，中国北京 .

[122] 王希来 . (200)1. 论商业街的定位 . 北京市财贸管理干部学院学报 (2):16-19.

[123] 王向荣，韩炳越 . (2005). 资源保护、 历史延续与景观再生——杭州湘湖保护与开发启动区块规划 . 中国园林

(01):16-22.

[124]　王祥荣，雍怡，邵田 . (2007). 国际视野下的上海崇明岛生态规划与建设对策研究 . 上海城市管理职业技术学院学报 (06):18-23.

[125]　王衍 . (2011). 景观都市主义实践的理论追溯 . 时代建筑 (05):32-35.

[126]　王燕飞 . (2009). 大学校园景观与场所精神 . 硕士，南京林业大学 .

[127]　王云才 . (2007). 景观生态规划原理 . 北京：中国建筑工业出版社 .

[128]　王云才 . (2009). 风景园林的地方性——解读传统地域文化景观 . 建筑学报 (12):94-96.

[129]　王震威 . (2009). 上海世纪公园生态景观功能提升的实践析要 . (硕士)，上海交通大学 .

[130]　王伟 . (2007). 和谐城市与中国城市规划的功能取向——基于西方城市规划理论演变的梳理与启示 . 2007 中国城市规划年会，中国黑龙江哈尔滨 .

[131]　王志芳，孙鹏 . (2001). 遗产廊道——一种较新的遗产保护方法 . 中国园林 (05):86-89.

[132]　吴必虎，唐俊雅，黄安民，等 . (1997). 中国城市居民旅游目的地选择行为研究 [J]. 地理学报 (2):97-102.

[133]　吴必虎 . (2001). 区域旅游规划原理 [M]. 北京：中国旅游出版社 .

[134]　吴必虎，董莉娜，唐子颖 . (2003). 公共游憩空间分类与属性研究 [J]. 中国园林 (4):48-50.

[135]　吴承照 . (1995). 西欧城市游憩规划的历史、 理论和方法 [J]. 城市规划汇刊 (4):22-27.

[136]　吴良镛 . (2001). 人居环境科学导论 . 北京：中国建筑工业出版社 .

[137]　吴良镛 . (2004). 中国城市发展的科学问题 . 城市管理与城市建设研讨会，中国北京 .

[138]　吴人韦 (2000). 支持城市生态建设——城市绿地系统规划专题研究 . 城市规划 (04):31-33+64.

[139]　吴尧 . (2008). TOD 理念在我国城市郊区居住区规划中的应用研究 . 硕士，湖南大学 .

[140]　仵宗卿，柴彦威 . (1999). 商业活动与城市商业空间结构研究 . 地理学与国土研究 15(3):20-24.

[141]　仵宗卿，戴学珍 . (2003). 城市商业活动空间结构研究的回顾与展望 . 经济地理 23(3):327-332.

[142]　奚雪松 . (2009-07-10). 大运河基础科研取得新进展，p. 002.

[143]　奚雪松，陈琳 . (2013). 美国伊利运河国家遗产廊道的保护与可持续利用方法及其启示 . 国际城市规划 (04):100-107.

[144]　奚雪松，俞孔坚，李海龙 . (2009). 美国国家遗产区域管理规划评述 . 国际城市规划 (04):91-98.

[145]　夏宾，张彪，谢高地，张灿强 . (2012). 北京建成区公园绿地的房产增值效应评估 . 资源科学 34. 07:1347-1353.

[146]　夏永梅，章俊华 . (2002). 居住区绿地利用状况及特性的研究——以北京市朝阳区为例 . 中国园林 03:6-11.

[147]　谢守红 . (2007). 城市化与经济发展的互动关系探析 . 黑龙江省生产力学会年会，中国黑龙江哈尔滨 .

[148]   星球地图出版社 . (2008). 中国分省地图册——台湾省地图册 . 北京 : 星球地图出版社 .

[149]   许安之 . (2002). 城郊快速交通站点居住区模式探讨 . 现代城市研究 01:51-54.

[150]   徐文辉 , 范义荣 , 王欣 . (2004). ″绿道″ 理念的设计探索——以诸暨市入口段绿化景观规划设计为例 . 中国
         园林 (08):52-55.

[151]   薛娟娟 , 朱青 . (2005). 城市商业空间结构研究评述 . 地域研究与开发 24(5):21-24.

[152]   严为洁 . (2006). 南京民国城市风貌调查及其保护规划研究 [J]. 现代城市研究 (2):77-81.

[153]   颜吾芟 . (2006). 中国历史文化概论 . 北京 : 清华大学出版社 .

[154]   杨保军 , 董坷 . (2008). 生态城市规划的理念与实践——以中新天津生态城总体规划为例 . 城市规划 (08):10-
         14+97.

[155]   杨保军 , 孔彦鸿 , 董柯 , 王凯 . (2009). 中新天津生态城规划目标和原则 . 建设科技 (15):24-27.

[156]   杨秉德 . (2001). 从凯尔斯到沈国尧——武汉大学人文科学馆述评 . 新建筑 1:61-64.

[157]   杨劲松 . (2006). 工业园区产业发展模式选择 . 上海经济研究 (3):95-98.

[158]   杨小东 , 胡大伟 , 杨晋凯 . (2003). 对居住区规划设计要素的再认识 . 规划师 02:26-30.

[159]   杨锐 . (2009). 景观都市主义的理论与实践探讨 中国园林 (10):60-63.

[160]   杨锐 . (2011a). 风景园林学的机遇与挑战 . 中国园林 (05):18-19.

[161]   杨锐 . (2011b). 景观都市主义 : 生态策略作为城市发展转型的 ″种子″ . 中国园林 (09):47-51.

[162]   杨锐 . (2011). 景观都市主义 : 生态策略作为城市发展转型的 ″种子″ . 中国园林 09:47-51.

[163]   俞孔坚 . (2012). 寻找京杭大运河 , 中国社会科学报 , p. B04.

[164]   俞孔坚 , 李海龙 , 李迪华 . (2008). ″反规划″ 与生态基础设施 : 城市化过程中对自然系统的精明保护 (英文).
         自然资源学报 (06):937-958.

[165]   俞孔坚 , 王思思 , 李迪华 , 李春波 . (2009). 北京市生态安全格局及城市增长预景 . 生态学报 (03):1189-1204.

[166]   俞孔坚 . (1998a). 景观 : 生态 · 文化 · 感知 · 北京 : 科学出版社 .

[167]   俞孔坚 . (1998b). 理想景观探源 - 风水的文化意义 . 北京 : 商务印书馆 .

[168]   俞孔坚 . (2003). 以土地的名义 : 对景观设计的理解 . 建筑创作 (07):28-29.

[169]   俞孔坚 . (2004). 还土地和景观以完整的意义 : 再论 ″景观设计学″ 之于 ″风景园林″ , 中国园林 07,
         37-41.

[170]   俞孔坚 . (2009). 足下的文化与野草之美 . 中国公园协会 2009 年论文集 .

[171]   俞孔坚 . (2010). 景观作为生命系统 : 上海世博后滩公园 . 中国公园协会 2010 年论文集 .

[172]   俞孔坚 , 李迪华 . (2002). 论反规划与城市生态基础设施建设 . 中国科协 2002 年学术年会 , 中国成都 .

[173]　俞晟 . (2003). 城市旅游与城市游憩学 [M]. 上海 : 华东师范大学出版社 .

[174]　袁松亭 . (2011). 中国住宅景观设计新趋势 . 住宅产业 11:39-44

[175]　苑军 . (2012). 中国近现代城市广场演变研究 . 博士 , 中国艺术研究院 .

[176]　曾川 . (2002). 建设有中国特色步行商业街 . 武汉科技大学学报 ： 社会科学版 4(2):56-58.

[177]　邹永军 , 丁红 . (2005). " 城市商业的空间结构 . " 商业研究 (5):49-51.

[178]　张凡 . (2008). 浅析城市生态规划历程及其在中国的发展与实践 . 北京园林 (02):22-25.

[179]　张锋 . (2007). 朱启钤与北京市政建设 [D]. 北京 : 首都师范大学 .

[180]　张光明 . (2010). 城市绿地系统规划理论及实证研究 . (硕士), 西北农林科技大学 .

[181]　张国强 , 贾建中 . (2003). 风景规划 : 《风景名胜区规划规范》 实施手册 [M]. 北京 : 中国建筑工业出版社 .

[182]　张国强 , 贾建中 , 邓武功 . (2012). 中国风景名胜区的发展特征 [J]. 中国园林 (08):78-82.

[183]　张翰卿 . (2005). 美国城市公共空间的发展历史 [J]. 规划师 (2):111-114.

[184]　张健 . (2004). 欧美大学校园规划历程初探 . 硕士 , 重庆大学 .

[185]　张景秋 , 蔡晶 . (2002). 北京市中心商务区发展阶段分析 . 北京联合大学学报 ： 自然科学版 16(1):114-117.

[186]　张浪 . (2012). 基于有机进化论的上海市生态网络系统构建 . 中国园林 (10):17-22.

[187]　张蕾 . (2006). 中国当代城市广场设计反思与再研究 . 硕士 , 北京林业大学 .

[188]　张立生 . (2006). 城市 RBD 形成的背景与条件分析 . 郑州航空工业管理学院学报 ： 社会科学版 25(3):140-143.

[189]　张昌曦 , 薛波 . (2010). 浅析指标体系在生态城市规划控制中的应用 以曹妃甸生态城指标体系设计为例 . 规划创新——2010 中国城市规划年会 , 中国重庆 .

[190]　张式煜 . (2002). 上海城市绿地系统规划 . 城市规划汇刊 (06):14-16+13-79.

[191]　张歆梅 . (2007). 城市商业街研究发展综述 . 商业研究 (11):115-120.

[192]　章莉 . (2009). 采煤塌陷区景观恢复 . (硕士), 清华大学 .

[193]　赵国玲 , 胡贤辉 , 杨钢桥 . (2008). 土地财政的效应分析 . 生态经济 07, 60-64.

[194]　赵慧宁 , 赵军 . (2011). 城市景观规划设计 . 北京 : 中国建筑工业出版社 .

[195]　赵守谅 . (2009). 我国城市休闲方式的 "异化" 现象及城市规划所面临的挑战 . 2009 中国城市规划年会 , 中国天津 .

[196]　赵玉宗 , 张玉香 . (2005). 城郊旅游开发研究 [J]. 内蒙古师范大学学报 (哲学社会科学版)(2):115-118.

[197]　郑映雪 . (2007). 城市绿地系统规划评价初探 . (硕士), 南京林业大学 .

[198]　中国地理学会旅游地理专业委员会 (区域旅游的理论与实践). (2002). 肇庆旅游发展个案研究 [C]. 北京 : 中国

旅游出版社 :20-23.

[199]　周密 . (2006). 现代商业建筑公共开放空间设计分析及探讨 . 福建建设科技 (5):43-44.

[200]　周永迪，崔宝义，王东宇 . (2011). 城市山地景观生态格局构建 - 威海市区山地保护与利用规划的实践 . 北京：中国建筑工业出版社 .

[201]　周忠传 . (2007) 我国工业园区产业发展的研究 . 科教文汇 :137-137.

[202]　朱红，叶强 . (2011). 新时空维度下城市商业空间结构的演变研究 . 大连理工大学学报：社会科学版 (1):82-86.

[203]　朱捷，宋秋明 . (2010). 基于景观都市主义的城市新区设计方法初探——以重庆梁平县双桂湖片区城市设计为例 . 室内设计 (06):47-51+38+37+36.

[204]　朱强，刘海龙 . (2006). 绿色通道规划研究进展评述 . 城市问题 (05):11-16.

[205]　朱英 . (2000). 近代中国商业发展与消费习俗变迁 . 江苏社会科学 (1):109-118.

[206]　赵纪军 . (2014). 中国现代园林：历史与理论研究 . 东南大学出版社 .

附录1 当代中国与景观相关的大事记

1978 年改革开放之前

— 1951 年，由梁思成、汪萅渊和吴良镛先生发起，北京农业大学和清华大学联合试办造园组。

— 1956 年，造园专业改名为"城市及居民区绿化专业"。

— 1960 年，国家提出"以绿化为主、大搞生产"的园林工作指导原则，强调"园林结合生产"、"以园养园"。全国在竭尽全力地将所有能够用来种植的地方（屋前、屋后、路边、沟边等）都变成农用地，生产性景观遍布中国各个角落。

— 1964 年 1 月，林业部批示北京林学院将"城市及居民区绿化"专业改名为"园林"专业，"城市及居民区绿化"系改名为"园林"系，由此正式确立园林专业的名称。

1978 ～ 1992 年

— 1980 年，苏州观前街的开辟，是全国第一条现代意义上的步行商业街。

— 1982 年，国务院公布全国第一批 44 处国家级风景名胜区，真正开始中国风景名胜资源的国家保护历程。

— 1982 年，《城市园林绿化管理暂行条例》第一次明确规定"城市新建区的绿化用地，应不低于总用地面积的 30%；旧城改建区的绿化用地，应不低于总用地面积的 25%"。此规定一直被沿用写入《城市居住区规划设计规范 GB 50180—93(1994 年版以及 2002 版)》。

— 1986 年，"全国住宅建设试点小区工程"使我国住宅建设取得前所未有的跨越性发展。第一批城市住宅试点小区有三个：天津的川府新村居住区、济南燕子山居住区、无锡的沁园居住区。

— 1987 年，教育部正式颁布设立"风景园林"专业。

— 1988 年，深圳举办首届"荔枝节"，成为我国乡村旅游兴起的标志。

— 1989 年 9 月，第一座以微缩景观为主导的"锦绣中华"主题公园开业。

1992 ～ 2004 年

— 1992 年 1 月 1 日，建设部发布行业标准《公园设计规范》，对公园的类型、设置内容和规模作了规范。

— 1992 年初，邓小平同志的南巡讲话，为产业园区的发展带来新的机遇。

— 1992 年 10 月，国务院批准建设 12 个国家级旅游度假区。

— 1992 年，《园林城市评选标准(试行)》，由建设部督导实施，并于 12 月 8 日命名第一批"园林城市"——北京市、合肥市、珠海市。

— 1992 年，北京林学院的风景园林系与园林系合并，成立中国第一个园林学院，也是首个开展风景园林学科研究和教学的独立学院。

— 1994 年 10 月，国务院发布《中华人民共和国自然保护区条例》。

— 1995 年，推出的"2000 年小康住宅科技产业工程"，使我国居住区建设和规划设计水平跨入现代居住区发展阶段。

— 1997 年 6 月，国务院学位委员会、教育委员会颁布《授予博士、硕士学位和培养研究生的学科、专业目录》，风景园林规划与设计专业被并入城市规划与设计专业，不以独立的专业招生。

— 1998 年 2 月，全国绿化委、林业部、交通部、铁道部共同下发《关于在全国范围内大力开展绿色通道工程建设的通知》。

— 1998 年 6 月 15 日，全国房改工作会议宣布停止住房实物分配，实行住房分配货币化，新建住房原则上只售不租。公有制以及住房分配从此逐渐淡出中国的历史舞台。

— 1998 年 10 月，中共中央、国务院提出"封山植树、退耕还林"等灾后重建的"三十二字"方针。

— 1998 年，浙江省提出绿道网络建设，并编制完成中国第一个省域绿道网规划。

— 1999 年 5 月 1 日，中国昆明园艺世界博览会开幕。

— 1999 年 6 月 15 ～ 18 日，第三次全国教育工作会议提出高校扩招方案，会后当年即扩大招生规模。

— 1999 年 9 月 18 日，国务院发布《全国年节及纪念日放假办法》，实施国庆节、春节和"五一"黄金周长假制度。

— 2000 年 1 月 1 日，建设部发布的《风景名胜区规划规范》开始实施，风景名胜区规划走向更理性科学。

— 2000 年 3 ～ 5 月，西北、华北地区大面积频繁出现沙尘暴。

— 2001 年 7 月 13 日，北京申办 2008 年奥运会主办城市成功。

— 2001 年 11 月，中国加入世界贸易组织（WTO）。

— 2001 年，国家旅游局制定了《全国农业旅游发展指导规范》。

— 2002 年 5 月，国土资源部发布第 11 号令，颁布实施《招标拍卖挂牌出让国有土地使用权规定》。明确规定包括商业、旅游、娱乐、商品住宅用地的经营性用地必须通过招拍挂方式出让。

— 2002 年 6 月 3 日，建设部颁布《城市绿地分类标准》。

— 2002 年 10 月 28 日，第九届全国人民代表大会常务委员会第三十次会议通过《中华人民共和国环境影响评价法》。

— 2002 年 12 月，贵州省颁布风景名胜区体系规划，这是我国编制的第一个省域风景名胜区体系规划。

— 2002 年，园林基本术语标准的颁布从行业角度将城市绿地系统定义为："由城市中各种类型和规模的绿化用地组成的整体"。

— 2003 年 5 月 1 日，建设部和外经贸部联合发布的《外商投资城市规划服务企业管理规定》正式施行。从此，外商可在中国依法从事除城市总体规划以外的城市规划的编制、咨询活动。

— 2003 年 8 月 18 日，《国务院关于促进房地产市场持续健康发展的通知》（国发 18 号文件）提出房地产业已经成为国民经济的支柱产业，城市建设开发进入高潮。

— 2004 年 2 月 1 日，建设部批准山东荣成市桑沟湾城市湿地公园为首家国家城市湿地公园。

— 2004 年 2 月 16 日，建设部、国家发展和改革委员会、国土资源部和财政部联合发出通知，明确提出暂停城市宽马路、大广场建设。

— 2004 年，国土资源部颁布第 71 令，《关于继续开展经营性土地使用权招标拍卖挂牌出让情况执法监察工作的通知》。规定 2004 年 8 月 31 号以后所有经营性用地出让全部实行招拍挂制度，即所谓的"831"大限。

— 2004 年 12 月 2 日，景观设计师正式被国家劳动和社会保障部认定为新职业之一。景观设计师列入《中华人民共和国职业大典》。

— 2004 年 12 月 6 日，建设部人事教育司召开全国高等院校景观学专业教学研讨会，北京大学、清华大学、同济大学、北京林业大学等 18 所院校的 43 位代表参加了会议。

2004 ~ 2012 年

— 2005 年 3 月，第 21 届国务院学位委员会批准新增风景园林硕士专业学位
（Master of Landscape Architecture，简称 MLA）。

— 2005 年 12 月 3 日，国务院颁布《国务院关于落实科学发展观加强环境保护的决定》。

— 2005 年，国家批准了 359 个全国农业旅游示范点。

— 2005 年，住房与城乡建设部颁布《国家城市湿地公园管理办法（试行）》和《城市湿地公园规划设计导则（试行）》。

— 2006 年初，国家旅游局确定 2006 年全国旅游主题为"中国乡村游"，宣传口号为"新农村、新旅游、新体验、新风尚"。

— 2006 年 3 月 23 日，教育部公布 2006 年高考招生的 25 个新专业，其中包括景观学、风景园林，结

束了景观设计专业没有本科的历史。

— 2006 年 4 月 18 日，首届中国工业遗产保护论坛讨论通过《无锡建议》，成为我国第一个关于工业遗产保护的纲领性文件。

— 2006 年 5 月，国家文物局下发《关于加强工业遗产保护的通知》，指出"工业遗产保护是我国文化遗产保护事业中具有重要性和紧迫性的新课题"。

— 2006 年 6 月 10 日，京杭大运河保护与申遗工作取得突破性进展，正式被列为全国重点文物保护单位。

— 2006 年 12 月 1 日，国务院颁布《风景名胜区条例》。

— 2007 年 1 月 1 日，《景观设计师国家职业标准（试行）》经劳动和社会保障部批准，开始施行。

— 2007 年 5 月 29 日，江苏无锡太湖暴发蓝藻水污染危机，随后安徽巢湖、云南滇池也相继暴发蓝藻。

— 2007 年 8 月 30 日，建设部发布《关于建设节约型城市园林绿化的意见》，促进园林绿化的可持续发展。

— 2007 年 10 月 15 日，胡锦涛在中国共产党第十七次全国代表大会上作报告，在和谐社会、科学发展观的重要思想理论的基础上，首次明确提出建设生态文明，并且指出应在全社会牢固树立生态文明观念。

— 2007 年 10 月 28 日，第十届全国人民代表大会第三十次会议通过《中华人民共和国城乡规划法》，这部关于城乡规划建设和管理的基本法律充分体现了科学发展观和城乡统筹思想。

— 2007 年 11 月 6 日，中国首次举办世界自然遗产大会，大会修改并通过《峨眉山宣言》。

— 2007 年，国家环境保护总局出台《生态工业示范园区规划指南（试行）》和《国家生态工业示范园区管理办法（试行）》等重要政策性文件，以规范我国生态工业园的规划、建设以及认证工作。

— 2008 年 7 月 1 日，《历史文化名城名镇名村保护条例》开始施行。

— 2008 年 8 月 8 日，第 29 届夏季奥林匹克运动会在北京召开。

— 2009 年 3 月，国土资源部正式颁布《城乡建设用地增减挂钩试点管理办法》。该办法明确规定，挂钩试点项目区内建新地块总面积必须小于拆旧地块总面积，建新拆旧项目区选点布局应当举行听证、论证，严禁违背农民意愿，大拆大建。

— 2009 年 6 月 3 日，中新天津生态城科技园奠基。生态城 4 平方公里起步区基础设施建设以及环境治理快速推进，形成国内第一套绿色建筑的规范化和强制性的设计执行标准及实施监管体系。

— 2010 年 2 月，国家林业局印发《湿地公园管理办法》，着手规范国家湿地公园的建设和管理。

— 2011 年 3 月，国务院学位委员会、教育部公布《学位授予和人才培养学科目录（2011 年）》，风景园林学科正式成为一级学科。

— 2012 年 1 月 31 日下午，北京市政府召开专题会议，研究《北京市 2012 ～ 2020 年大气污染治理工作方案》和《关于实施平原地区百万亩造林工程的意见》等事项，标志着北京百万亩造林工程拉开序幕。

— 2012 年 7 月 21 日，北京遭遇特大暴雨，致 77 人遇难，由此引发对于城市排洪防涝问题的重视。

— 2012 年 11 月，十八大报告提出大力推进生态文明建设。生态安全格局构建成为十八大关键词。

2013 ～ 2015 年

— 2013 年 4 月，环境保护部在北京召开土壤环境保护立法"两会"代表委员座谈会。初步形成《土壤环境保护法（草案）》。

— 2013 年 5 月 1 日，《北京市湿地保护条例》开始实施。

— 2013 年 5 月 1 日，中共十八大以来国内首部生态文明建设地方法规——《贵阳市建设生态文明城市条例》正式实施。

— 2013 年 11 月，《中国资源型城市可持续发展规划（2013 ～ 2020 年）》发布。

— 2013 年 12 月，中央首次城镇化工作会议召开，对生态文明建设做出新部署。

— 2013 年，全国先后有 30 个省份遭受雾霾天气侵袭。针对大气污染问题，国务院常务会议部署大气污染防治十条措施，出台《大气污染防治行动计划》。

— 2013 年 12 月召开的中央城镇化工作会议讨论了《国家新型城镇化规划》，并根据会议讨论情况作出了修改。

— 2014 年 2 月，环保部发布的《国家生态保护红线——生态功能基线划定技术指南（试行）》，成为我国首个生态保护红线划定的纲领性技术指导文件，确立中国要完成"生态保护红线"的划定工作。

2014 年 3 月，国务院正式发布了《国家新型城镇化规划》。规划明确了新型城镇化建设目标、战略重点和配套制度安排。

— 2014 年 8 月，国务院批准建立由发改委牵头的推进新型城镇化工作部际联席会议制度，旨在推进国家新型城镇化规划实施和政策制定落实。

— 2014 年 10 月，住建部印发《海绵城市建设技术指南——低影响开发雨水系统构建（试行）》，开启中国雨洪处理以及海绵城市建设的新时代。

— 2014 年 12 月，由国家发改委、国土资源部、环保部和住建部联合下发的《关于开展市县"多规合一"试点工作的通知》中要求，"开展市县空间规划改革试点，推动经济社会发展规划、城乡规划、土地利用规划、生态环境保护规划'多规合一'"。

— 2015 年 2 月，16 位城市进入 2015 年海绵城市建设试点范围，包括迁安、白城、镇江、嘉兴、池州、厦门、萍乡、济南、鹤壁、武汉、常德、南宁、重庆、遂宁、贵安新区和西咸新区。

附录2 主要项目列表

(按文中出现先后顺序)

项目名称	委托单位	设计单位	建成时间	项目大小	页　码
方塔园	上海市基本建设委员会	冯纪忠	20世纪80年代末	1.21 hm²	
千岛湖广场	绿城集团	意格国际	2013	2.2 hm²	
上海市绿地系统	上海市政府	90年代上海城市规划设计研究院、园林设计院和园林局修编\21世纪上海城市规划设计研究院修编	1949至今		
上海世博园"亩中山水"	上海世博土地控股有限公司	ECOLAND易兰国际	2010	2.7 hm²	
成都麓湖红石公园	成都万华新城发展股份有限公司	ECOLAND易兰国际	2014	11 hm²	
台州市规划	台州市建设规划局	北京土人景观与建筑规划设计研究院	在建	153600 hm²	
宋庄规划	北京宋庄文化创意产业集聚区投资开发有限公司	美国Sasaki Associates	n/a	n/a	
中新天津生态城	中国、新加坡政府	中国城市规划设计研究院	在建	3420 hm²	
曹妃甸生态城	唐山市委、市政府	瑞典SWECO公司、北京清华城市规划设计研究院、中国城市规划设计研究院	在建	7430 hm²	
珠江三角洲绿道网总体规划	广东省住房和城乡建设厅	广东省城乡规划设计研究院、广州市城市规划勘测设计研究院、深圳市北林苑景观及建筑规划设计院有限公司	2011至今	5.46 万km²	
广州市荔湾区绿道网建设	广州市规划局	广州市城市规划勘测设计研究院	2010	49 公里长	

项目名称	委托单位	设计单位	建成时间	项目大小	页 码
欣盛　东方福邸	杭州欣盛房地产开发有限公司	奥雅设计集团	2010至今	11 hm²	
北京泰禾运河岸上的院子	北京泰禾房地产开发有限公司	奥雅设计集团	2008至今	3 hm²	
万科第五园	万科集团	易道规划设计有限公司	2005	44 hm²	
香山81号院住宅区景观设计	北京雕刻时空投资管理有限公司	北京清华城市规划设计研究院	2006	2.7 hm²	
中山市鄂尔多斯尚城山体公园	广东省中山鄂尔多斯房地产开发有限公司	广州土人景观顾问有限公司	2005	2 hm²	
昆明世博生态园	昆明世博房地产公司	美国SWA事务所	2012	259 hm²	
胡同里的泡泡	上海世博会事务协调局	MAD建筑事务所	2009		
万科水晶城	万科集团	北京创翌高峰园林工程咨询有限责任公司	2003	50.72 hm²	
东方太阳城	北京东方太阳城房地产开发有限责任公司	北京建筑大学"城市雨水系统与水环境生态"设计团队	2009	234 hm²	
广州大学城	广州市城市规划局	中国城市规划设计研究院、同济大学建筑城规学院、广东省高教建筑规划设计院、广州市城市规划勘测设计研究院、清华大学、华南理工大学、东南大学规划设计院、广东省规划院、美国SBA、香港关善明建筑师事务所等	2006一期	4330 hm²	
华南理工大学松花江路历史建筑更新改造	华南理工大学	华南理工大学何镜堂工作室	2011	0.51hm²	
四川美院虎溪校区	四川美院	四川美院	2011	66.7 hm²	
沈阳建筑大学	沈阳建筑大学	北京土人景观与建筑规划设计研究院，北京大学景观设计学研究院	2004	80 hm²	

项目名称	委托单位	设计单位	建成时间	项目大小	页　码
中国美术学院象山校园	中国美术学院	业余建筑工作室；中国美术学院建筑营造研究中心	2004	26.7 hm^2	
北京金融街	北京金融街控股有限公司	美国SWA事务所	2005	40.5 hm^2	
北京望京SOHO	SOHO中国有限公司	ECOLAND易兰国际	2014	5 hm^2	
美的总部大楼景观设计	广东省美的电器股份有限公司	广州土人景观顾问有限公司	2010	2.3 hm^2	
北京中关村生命科学园	中关村生命科学园发展有限公司	北京土人景观与建筑规划设计研究院，北京大学景观设计学研究院	2002	50 hm^2	
广东番禺节能生态科技园	广州市番禺节能科技园发展有限公司	澳大利亚DEM和ZEX建筑师事务所	2007	首期55.3 hm^2，第二期266.7 hm^2	
深圳罗湖区笋岗片区中心广场	深圳罗湖区工务局	URBANUS都市实践	2007	0.95 hm^2	
北京商务中心区现代艺术中心公园	北京商务中心区管理委员会	北京清华城市规划设计研究院景观学和设计学研究中心	2007	3.64 hm^2	
深圳中科研发园街头公园景观设计	广东省深圳市正中置业集团有限公司	广州土人景观顾问有限公司	2008	2.27 hm^2	
万科住宅产业化研究基地	深圳万科建筑技术有限公司	张唐景观	2007	3.3 hm^2	
左右间咖啡馆	私人	北京左右间设计公司	2003	0.03 hm^2	
上海M50创意园	上海M50创意园	德默营造建筑事务所	2000	2.3 hm^2	
成都东区音乐公园	成都市政府	刘家琨	2011	14.5 hm^2	
上海新天地	上海卢湾区政府	本杰明·伍德建筑设计事务所，新加坡日建设计事务所	2000	3 hm^2	

项目名称	委托单位	设计单位	建成时间	项目大小	页　码
长白山国家自然保护区步行系统	长白山自然保护区	深圳市北林苑景观及建筑规划设计院有限公司	2008	N／A	
广东南昆山十字水生态旅游度假村	龙门山南昆中恒生态旅游发展有限公司	EDSA景观设计公司	2006	166.7 hm²	
广州长隆酒店（二期 庭院设计	广州长隆酒店	普邦园林有限公司	2009	14 hm²	
海南呀诺达热带雨林	海南三道圆融旅业有限公司	易兰国际	2008	2000 hm²	
海南红树林酒店	三亚今日旅游投资有限公司	美国Sasaki Associates	2005	5.5 hm²	
东部华侨城	华侨城集团	德国公司卡尔森旅游(Carlson Tour)	2007一期	900 hm²	
欢乐海岸	深圳华侨城都市娱乐投资公司	美国SWA事务所+深圳市北林苑景观及建筑规划设计院	2011	125 hm²	
贵州花溪夜郎喀斯特生态谷	宋培伦先生	宋培伦先生	建设中	0.06 hm²	
中山岐江公园	中山市规划局	北京土人景观与建筑规划设计研究院	2001	0.3 hm²	
唐山南湖中央公园	唐山是南湖生态城管理委员会	北京清华同恒风景园林一所	2009	630	
上海市辰山植物园	上海市辰山植物园	THUPDI和清华大学	2009	4.3 hm²	
成都活水公园	成都市政府	Magie Rulldick，Besty Damon	1998	2.4 hm²	
义乌江大坝	金华市金东区	艾未未，孙志鹏，卢菁，马延东	2003	159.5 hm²	
秦皇岛滨海景观带	秦皇岛市园林局	北京土人景观与建筑规划设计研究院	2008	6000 hm²	
秦皇岛市汤河滨河公园	秦皇岛市园林局	北京土人景观与建筑规划设计研究院	2006一期	20 hm²	

项目名称	委托单位	设计单位	建成时间	项目大小	页 码
浙江黄岩永宁公园	台州市黄岩区人民政府	北京土人景观与建筑规划设计研究院	2004	21.3 hm²	
吴淞江湿地公园	花桥经济开发区	美国SWA规划设计公司及Herrera环境顾问公司	2010至今	60 hm²	
上海世博园区——江南公园	上海世博会事务协调局	荷兰尼塔设计集团（NITA）	2009	15.30 hm²	
上海世博后滩公园	上海世博会事务协调局	北京土人景观与建筑规划设计研究院	2009	23.73 hm²	
四盒园	西安市浐灞区	王向荣	2011	0.1 hm²	
杭州西溪国家湿地公园	杭州市规划局	汉嘉设计集团、杭州园林设计院	2005	1006 hm²	
杭州江洋畈生态公园	杭州市建委	多义景观	2010	19.8 hm²	
哈尔滨群力国家城市湿地	黑龙江省哈尔滨市群力新区政府	北京土人景观与建筑规划设计研究院	2010	30 hm²	
嘉定紫气东来公园	嘉定市政府	美国Sasaki Associates	2014	70	
天津桥园	天津环境建设有限公司	北京土人景观与建筑规划设计研究院	2008	22 hm²	
北京奥林匹克森林公园	北京市规划委员会	清华大学城市规划设计研究院风景园林一所	2008	680 hm²	
广州天河区儿童公园	广州市市政府	广州市城市规划勘测设计研究院	2015	40 hm²	

索　引

(按照首字母顺序)

后记

　　我以初生牛犊不怕虎的精神接下了这本书的写作任务，在此首先要感谢俞孔坚老师以及张惠珍副总编辑的信任。他们敢于将这样的任务交给年轻人，我永远会对他们心怀感激！

　　能够碰上张惠珍副总编辑和戚琳琳主任是我归国后的一大幸事。她们是我整本书写作的精神支柱。在我需要意见的时候她们总是能抽出时间和我沟通，解决我的困惑。整个写作过程中张总编不断地给我打气，让我坚持继续努力。没有她们的支持，我也许很早就放弃这份庞杂纠结、被不少人称之为定时炸弹的工作。此外，张总编的爽朗、见识以及戚主任温柔、和气给予我的不仅是写作过程中的支持，也让我学习了很多在中国为人处世的道理。与你们相识共事是我的运气！

　　本书完成之际，还要在此衷心感谢以下人士对本书编写工作所作出的努力和支持：

　　十分感谢李迪华老师，他在百忙之中抽空和我讨论书的章节、架构，并给本书提供了不少实例照片。您的支持对我非常重要！

　　十分感谢白伟岚女士以及我的先生孙鹏在百忙之中通读了本书的草稿，并对不足之处提出了很多有见地的修改建议。你们的见解以及对中国当代景观的看法让我受益匪浅。

　　十分感谢景观中国网站以及《景观设计学》编辑部的全体工作人员在编辑以及项目提供上的大力支持，你们的工作是我这本书的基石！

　　十分感谢各个相关设计公司的大力配合，你们在项目资料上的全力支持是本书能够顺利完成的关键。部分设计公司的老总甚至亲自和我会面，帮我提意见、出主意，你们的关爱我永远铭记！

　　十分感谢北京大学景观设计研究院毕业和在读的博士、硕士们在本书编写过程中所付出的辛苦劳动。他们无私地给予我莫大的帮助。从文献查阅、项目编排、文字梳理，再到后期排版，没有他们的参与我无法一个人完成这项任务。尤其是王润滋同学帮我做了大量的整理以及照片收集工作，蔡旸帮我最后调整了版面。其他帮过我的学生还包括张敏，任仲申、周瑛、侯金伶、常婷、郭琼霜、张辰、王烨、袁远、衡先培、黄俊博、张桐伟、庄岩、肖百霞、郑庆之、程温温、史荣新等。

最后，借此机会，向所有关注北京大学建筑与景观设计研究院的领导、同仁、同学以及朋友们表示真挚的敬意和衷心的感谢！中国当代景观千头万绪，变化多端，写作过程颇有"不识庐山真面目，只缘身在此山中"的苦恼。书中必有疏漏之处，请读者朋友们批评指正，我将继续努力去求索。

王志芳

2015 年 11 月于燕园备斋

王志芳

女，山东龙口人。北京大学建筑与景观设计学院副教授，北京大学城市规划本科，美国密西根大学MLA硕士及自然资源与环境学博士。曾任职于美国得克萨斯A&M大学建筑学院（Assistant Professor），2012年回国致力于生态规划设计在中国的传播和发展。在国内外核心期刊上发表论文几十篇，参与并完成多项国内外科研类和实践类项目。同时还是中国城市科学研究会生态城市研究专业委员会委员，国际SCI期刊Landscape and Urban Planning, Landscape Ecology的审稿专家以及国内《景观设计学》期刊的编委会成员，《风景园林》期刊的特约编辑。主要研究方向为基于科学的规划设计、设计科研方法、可持续发展策略及其效益评价，尤其是生态问题的社会属性以及解决对策，因为生态问题很大程度上首先是社会问题。具体小方向包括：生态规划设计，绿色基础设施、乡土景观、中心城生态化、生态美学、雨洪综合利用、地理信息系统在城市与生态规划设计中的应用等。

这是一本试图描绘中国当代（1978年至今）景观简要演化历程的书籍。全书采用图片为主、文字为辅的写作形式，依照景观类型简述了中国当代景观发展过程中的挣扎、特色以及突破。通过介绍与景观规划相关的各种大尺度尝试以及变化最大、发展最快的五大景观类型（居住区景观、校园景观、商务景观、游憩景观以及城市公园）的发展历程、典型案例、问题思索等，归纳总结了中国当代景观发展的基本脉络与特色。与此同时，本书试图用零星的景观片段来展示当代中国发展的探索、努力、创新以及成就，凸显中国当代景观发展背后深刻的社会经济原因。阅读当代中国景观实际上是在阅读当代中国的社会发展史。该书既适合作为专业人士整体学习不同景观类型的参考书目，又可以成为业余爱好者深入理解周边城市及景观变革的起点。本书可以成为读者了解当代中国景观以及当代中国社会发展的基础文献。

图书在版编目（CIP）数据

百花齐放——中国当代景观 ／ 王志芳编著.—北京：
中国建筑工业出版社，2016.1
（中国建筑的魅力）
ISBN 978-7-112-18501-6

Ⅰ．①百… Ⅱ．①王… Ⅲ．①景观设计－作品集－
中国－现代 Ⅳ．①TU986.2

中国版本图书馆CIP数据核字(2015)第227916号

责任编辑：戚琳琳　张惠珍
　　　　　张鹏伟　董苏华
技术编辑：李建云　赵子宽
特约美术编辑：苗　洁
整体设计：北京锦绣东方图文设计有限公司
责任校对：姜小莲　关　健

中国建筑的魅力
百花齐放 —— 中国当代景观
王志芳　编著

*

中国建筑工业出版社出版、发行（北京西郊百万庄）
各地新华书店、建筑书店经销
北京锦绣东方图文设计有限公司制版
北京顺诚彩色印刷有限公司印刷

*

开本：880×1230毫米　1/16　印张：18½　字数：384千字
2016年7月第一版　2016年7月第一次印刷
定价：198.00元
ISBN 978-7-112-18501-6
（27737）